中国 茶叶 茶具 茶艺

王广智　主编

科学出版社　龍門書局

内容简介

你想知道唐宋的茶具是什么样子的吗？你想知道从什么时候开始形成我们现在的饮茶习惯的吗？你想知道历史上六大名窑的特点吗？你想知道七大茶类各自的特点、代表品类及冲泡方法吗？只要打开《中国茶叶茶具茶艺》，就可以在里面找到解答，让你对中国茶文化有更深入的了解。

图书在版编目（CIP）数据

中国茶叶茶具茶艺 / 王广智主编. -- 北京 ：龙门书局，2013.4

ISBN 978-7-5088-4030-7

Ⅰ. ①中… Ⅱ. ①王… Ⅲ. ①茶具－文化－中国 Ⅳ. ①TS972.23

中国版本图书馆CIP数据核字(2013)第031320号

责任编辑：周 辉 张 婷　**营销编辑：**牛丽荣
责任校对：宣 慧　**责任印制：**张 倩

龍門書局出版
北京东黄城根北街16号
邮政编码：100717
http://www.sciencep.com

保定市中画美凯印刷有限公司 印刷

科学出版社发行 各地新华书店经销

*

2013年4月第1版　开本：20（889×1194）
2013年4月第1次印刷　印张：7　字数：180 000

定价：39.80元（配光盘）

（如有印装质量问题，我社负责调换）

记得有一篇关于国外友人描写中国人形象的记述：拿着一个茶杯，然后满世界地叫“tea，tea”。可见，茶在我们国人的生活中占有多么重要的地位。

当然，拿着茶杯泡茶喝，不过是我们出门在外的一种方便之举，一旦得闲，好茶之人总会邀上三五好友，围坐在一起，细细品茗，谈天说地，好不快哉。

古人饮茶，特别讲究人品、环境的协[illegible]，文人雅士讲求清幽静雅，达官贵族追求豪华高贵等。一般传统的品茶，环境要求多是清风、明月、松吟、竹韵、梅开、雪霁等种种妙趣和意境。总之，茶艺是形式和精神的完美结合，其中包含着美[illegible]的精神寄托。同时，还要讲究茶具的古朴与雅致，或豪华与高贵。

现代的人当然很少有这样的环境与时间，但这并不妨碍我们追求平安空灵的心。一杯香茶在手，不论在什么地方，我们都能体会到一种清醒与从容，悠然与超脱。

《中国茶叶茶艺茶具》就是这样一本让你认识各种古今名茶、各种承载着历史的茶具，并教你如何泡茶的图鉴。一种种形态各异的茶叶，让你感受中国茶叶历史的悠久和广博；一款款造型别致的茶具，让你在品茗之余，也能细细把玩；素手冲泡的茶汤，敬茶时的嫣然一笑，又何赏不是一种享受？

让我们放下烦躁与不安，让自己憩然而坐，品一杯幽幽香茗，体味一下淡然与从容的心境。

目录
CONTENTS

绪论

第1章 水为茶之母，器为茶之父

第2章 精品茶具赏鉴 灿若天边彩虹

第3章 绿茶 荡漾着春的味道

第4章 红茶 香高色艳独树一帜

第5章 乌龙茶 入水七泡，犹有余香

第6章 黑茶 能够喝的古董

第7章 黄茶 金镶玉色尘心去

第8章 白茶 恬静如闺中女子

第9章 花茶 花香茶韵两相宜

绪论

荼→茶

神农饮茶解奇毒

相传，神农为了天下众生尝遍百草，其中有一些可口的蔬果和充饥的食物，但也不乏有毒的植物。一天，神农在尝了一种毒草后，晕倒在山脚下。待神农醒来后，发现身旁有棵小树，翠绿的叶子带着淡淡的清香，不由自主地采下一片放入口中咀嚼，立刻芳香满口，身体也慢慢好转了。于是，神农就将这棵小树移栽到人类的聚居地，这棵小树就是茶树。

在《神农百草经》中也有这样的记载：“神农尝百草，日遇七十二毒，得荼而解之。”这里所说的“荼”即为茶，这充分说明，茶的饮用与医药功能，就是在神农氏亲口咀嚼的尝试中找到的。

神农的画像

创“茶”字

茶字最早叫“荼”

上文说的“神农尝百草，日遇七十二毒，得荼而解之。”这里的荼就是茶。

“荼”是茶最早的名称。先秦古籍中，是没有“茶”字的，“荼”字就是“茶”字。

“荼”字最先记载于《诗经》中的《豳（bīn）风七月篇》：“采荼薪樗（chū），食我农夫”，初次表示了茶的含义。《尔雅》中说：“槚（jiǎ），苦荼”，其注说：“树小如栀子，冬生叶，可煮作羹饮。……蜀人名为苦荼。”这其中的荼字都是指茶。

茶字的由来

唐代，陆羽写的《茶经》，列举了唐代以来人们对茶的五种称呼："其名，一曰茶，二曰槚，三曰蔎（shě），四曰茗，五曰荈（chuǎn）。"不过在众多的称呼中，最普遍的还是"荼"字。

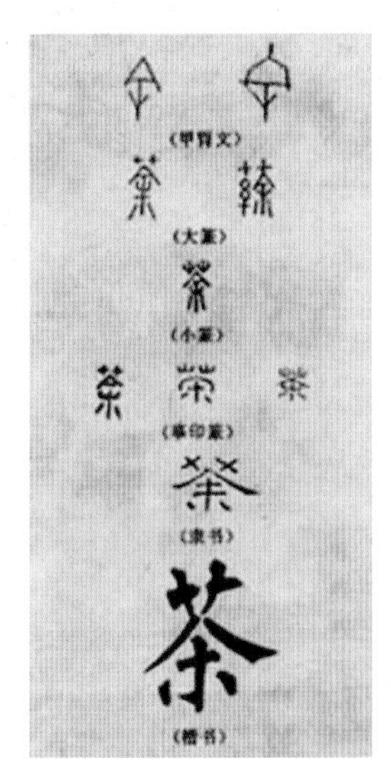

茶字的演变

后来，人们认识到茶是木本植物，用"荼"指茶名不副实，就把"禾"改为"木"，从荼字去掉一画为茶字，茶字才正式形成。

茶字最早的官方记录见于唐高宗时期的《本草》。中唐以后，所有茶字意义的荼字都变为茶字。同时废用所有的别名、代名，统一为茶字。茶的名称就正式确定下来了。

"茶圣"陆羽煎茶

相传唐代有位积公和尚，不仅善于品茶，还能说出所饮为何茶、所用为何水。代宗皇帝也是个爱好品饮之人，听说了积公和尚后就将其召来，赐他一碗上等好茶，请他品尝。积公接过茶只轻轻啜了一口就放下，没喝第二口。皇上疑惑不解，问他原因，积公手摸长须笑着说："我饮惯了弟子陆羽煎的茶，再饮别人煎的茶，简直平淡无味。"皇帝听完忙问陆羽现在何处，积公说："陆羽四处寻访天下名茶美泉，贫僧也不知他身在何处。"

于是，皇帝忙命人四处寻找，几天后，终于在浙江吴兴苕溪的杼山上找到了陆羽。陆羽到达后，皇帝命他煎茶献师，他便取出清明前采制的好茶，用泉水烹煎，献给皇上。皇帝接过茶碗，刚掀开碗盖，一阵清香就迎面扑来，再看茶汤，淡绿澄清，入口更是香醇甘甜，忙让陆羽再煎一碗，由宫女端给正在御书房的积公和尚。积公将茶一饮而尽，放下茶碗就急匆匆地走出来，大声喊道："渐儿（陆羽的字）在哪儿？"皇帝大吃一惊："积公怎么知道陆羽来了？"积公说："这茶只有渐儿才能煎得出来！"

代宗对陆羽的煎茶之技十分器重，想留他在宫中培养茶师。但陆羽不羡艳荣华富贵，不久就回去专心撰写《茶经》去了。

陆羽煎茶图

茶起源于中国

茶，作为中国的国饮，经历了数千年时间的演变，并随着中华文化的传播，走向了世界各地。而茶叶起源于中国，是一个毋庸置疑的事实。

野生大茶树图

中国千年野生大茶树

如今，我国已经在 10 多个省区 198 处发现了野生的大茶树，仅在云南省境内，树干直径超过一米的就有十多棵，其中有一棵茶树的树龄甚至超过了 2700 年。可以说，我国发现的野生大茶树，时间之早，树体之大，数量之多，分布之广，形状之异，都是世界之最。

文献记载中的茶

早在公元前 200 年左右的《尔雅》中，就有关于野生大茶树的记载；三国时的《吴普本草》引《桐君录》，有“南方有瓜芦木（大茶树），亦似茗，至苦涩，取为后茶饮，亦可通夜不眠”的记载；东晋的信史《华阳国志》中有这样的记载：“周武王伐纣，实得巴蜀之师，……茶蜜……皆纳贡之。”意思是在周武王伐纣时，巴人曾向周军献茶。唐代陆羽在《茶经》中记载：“茶者，南方之嘉木也。一尺、二尺乃至数十尺；其巴山峡州，有两人合抱者，伐而掇之。”

可见，茶树在中国的记载是源远流长，即使在有文字记载之前，茶叶的饮用也一定早就成为人们生活的一部分。

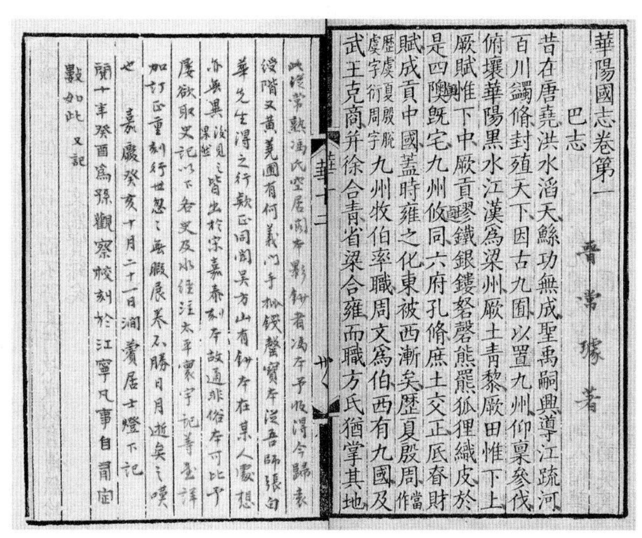

華陽國志卷第一

巴志　晉常璩著

昔在唐堯洪水滔天鯀功無成聖禹嗣興導江疏河百川蠲脩封殖天下因古九囿以置九州仰禀參伐俯壤華陽黑水江漢為梁州厥土青黎厥田惟下上厥賦惟下中厥貢璆鐵銀鏤砮磬熊羆狐狸織皮於是四隩既宅九州攸同六府孔脩庶土交正厎眘財賦成貢中國蓋時雍之化東被西漸矣歷夏殷周當作歷虞夏殷脫虞字衍周字九州牧伯率職周文為伯西有九國及武王克商并徐合青省梁合雍而職方氏猶掌其地

《华阳国志》书图

茶的原产地

对于茶叶最早产自哪里，有很多不同的说法，分别是西南说，四川说，云南说，川东鄂西说，江浙说。不过在 20 世纪 20 年代，茶叶专家、被誉为当代“茶圣”的吴觉农先生所著的《茶树原产地考》，对茶树起源于中国做了论证，证明了中国是茶树的原产地。半个多世纪后的 1978 年，吴觉农先生在昆明发表了《中国西南地区是世界茶树的原产地》一文，确认了中国西南地区，即云南、贵州、四川是茶树原产地的中心，并得到广泛的认可。

饮茶习俗的形成

我们知道茶在我国很早就被认识和利用，也很早就有茶树的种植和茶叶的采制。但是人类最早为什么要饮茶呢？是怎样形成饮茶习惯的呢？其实，有以下几种说法。

1. 祭品说。这一说法认为茶与一些其他的植物最早是作祭品用的，后来有人尝食发现食而无害，便“由祭品，而菜食，而药用”，最终成为饮品。

2. 药物说。这一说法认为茶“最初是作为药用进入人类社会的”。《神农本草经》中写道：“神农尝百草，日遇七十二毒，得茶而解之。”

3. 食物说。“古者民茹草饮水”“民以食为天”，食在先符合人类社会的进化规律。

4. 同步说。最初利用茶的方式方法，可能是作为口嚼的食料，也可能作为烤煮的食物，同时也逐渐做为药料饮用。

5. 交际说。《载敬堂集》记载：“茶，或归于瑶草，或归于嘉木，为植物中珍品。稽古分名槚蔎茗荈。《尔雅•释木》曰：‘槚，苦荼。’蔎，香草也，茶含香，故名蔎。茗荈，皆茶之晚采者也。茗又为茶之通称。茶之用，非单功于药食，亦为款客之上需也。”有《客来》诗云：“客来正月九，庭进鹅黄柳。对坐细论文，烹茶香胜酒。”此说从理论上把茶引入待人接物的范畴，凸显了交际场合的一种雅好，开饮茶成因之“交际说”之端。

喝茶是古今中外各界人士一种重要的交际活动。

中国四大茶产区

中国是茶的故乡，茶叶产区区域广阔，北起山东蓬莱山，南至热带的海南岛，西到西藏地区的林芝，东至台湾岛，总共包括浙江、江苏、湖南、湖北、安徽、江西、四川、重庆、贵州、云南、广东、广西、福建、陕西、河南、山东、西藏、甘肃等 20 个省（自治区、直辖市），共有 1019 个县市。横跨了热带、亚热带和温带三个气候区。

根据茶叶的生态环境、茶树种类、品种结构等，我国茶区共分为四大茶区，即江南茶区、西南茶区、华南茶区和江北茶区等。

江南茶区

江南茶区是指位于长江以南的产茶区，包括广东、广西北部、福建大部、湖南、江西、浙江、湖北南部、安徽南部、江苏南部。江南茶区多以低矮丘陵地区为主，但也有海拔 1000 米的高山，如安徽的黄山、浙江天目山、江西庐山等。江南茶区四季分明，气候温暖，年平均气温在 15.5℃以上，无霜期长达 230~280 天。而且雨水充足，年平均降雨量为 1400~1600 毫米。土壤多以红壤、黄壤为主，有机质含量较高。因此，该茶区的自然条件十分适宜茶树生长，而其茶叶产量约占全国总产量的三分之二，名优茶品种多，经济效益高，是我国的重点茶区。生产的茶类有绿茶、乌龙茶、白茶、黑茶等，其中以绿茶为主要品种。

江北茶区

江北茶区是指位于长江以北的产茶区，包括江苏北部、山东东南部、安徽北部、湖北北部、河南南部、陕西南部和甘肃南部。江北茶区大多数地区年平均气温在15.5℃以下，无霜期为200~250天，茶树的萌发期只有六七个月。而且江北茶区年降水量普遍偏少，在1000毫米以下。土壤以黄棕壤为主，肥力较低，因此，就土壤和气候条件来说，不利于茶树的生长。江北茶区的茶类品种以绿茶为主。

西南茶区

西南茶区是我国最古老的茶区。包括云南中北部、广西北部、贵州、四川、重庆及西藏东南部。该茶区地势较高，大部分地区都在海拔500米以上，属于高原茶区，大多是盆地和高原，地形十分复杂，年平均气温在15.5℃以上，无霜期长达220~340天。西南茶区雨水充足，年降水量在1000~1200毫米之间。土壤类型较多，主要有红壤、黄红壤、褐红壤、黄壤等，有机质含量比其他茶区高，十分有利于茶树生长。西南茶区茶类品种十分丰富，有工夫红茶、绿茶、沱茶、紧压茶等。所产绿茶的名优品种较多。

华南茶区

华南茶区包括福建东南部、台湾、广东中南部、广西南部、云南南部以及海南省。该茶区的气温是四大茶区中最高的，年平均气温在20℃以上，即使1月份的平均气温也多高于10℃，无霜期多达300天以上，其中台湾、海南四季如春，茶树一年四季均可生长，新梢每年可萌发多轮。而且雨水充沛，年平均降雨量为1200~2000多毫米。土壤多为红壤和砖红壤，土质疏松，有机质含量高，十分肥沃，是四大茶区中最适宜茶树生长的茶区。华南茶区的茶类品种主要有乌龙茶、工夫红茶、普洱茶、绿茶等。

茶叶飘香传四海

马铃声声传四方

我国茶叶陆路交通主要是从茶马古道向外输送。历史上茶马古道主要有三条：川藏茶马古道、滇藏茶马古道和青藏茶马古道。以这三条茶道为主，构成了一张密集的交通网络。这些茶马古道地跨川、滇、青、藏四个地区，并连接着南亚、西亚、中亚和东南亚等地。很多书中把“茶马古道”称为“马帮之路”，认为茶马古道就是马帮驮茶所走的道路，这其实是不对的。事实上这三条茶马古道主干线的运输队伍并不相同：在青藏茶马古道上，西宁以东的运输工具主要以骡马和驴为主，西宁以西的运输工具则主要是牦牛；在川藏茶马古道上，由雅安、汉源运向藏区的茶，在打箭炉以东，主要靠人力背运，而在打箭炉以西 ，则主要是由牦牛驮运；只有在滇藏茶马古道上，才是以马帮驮运为主。

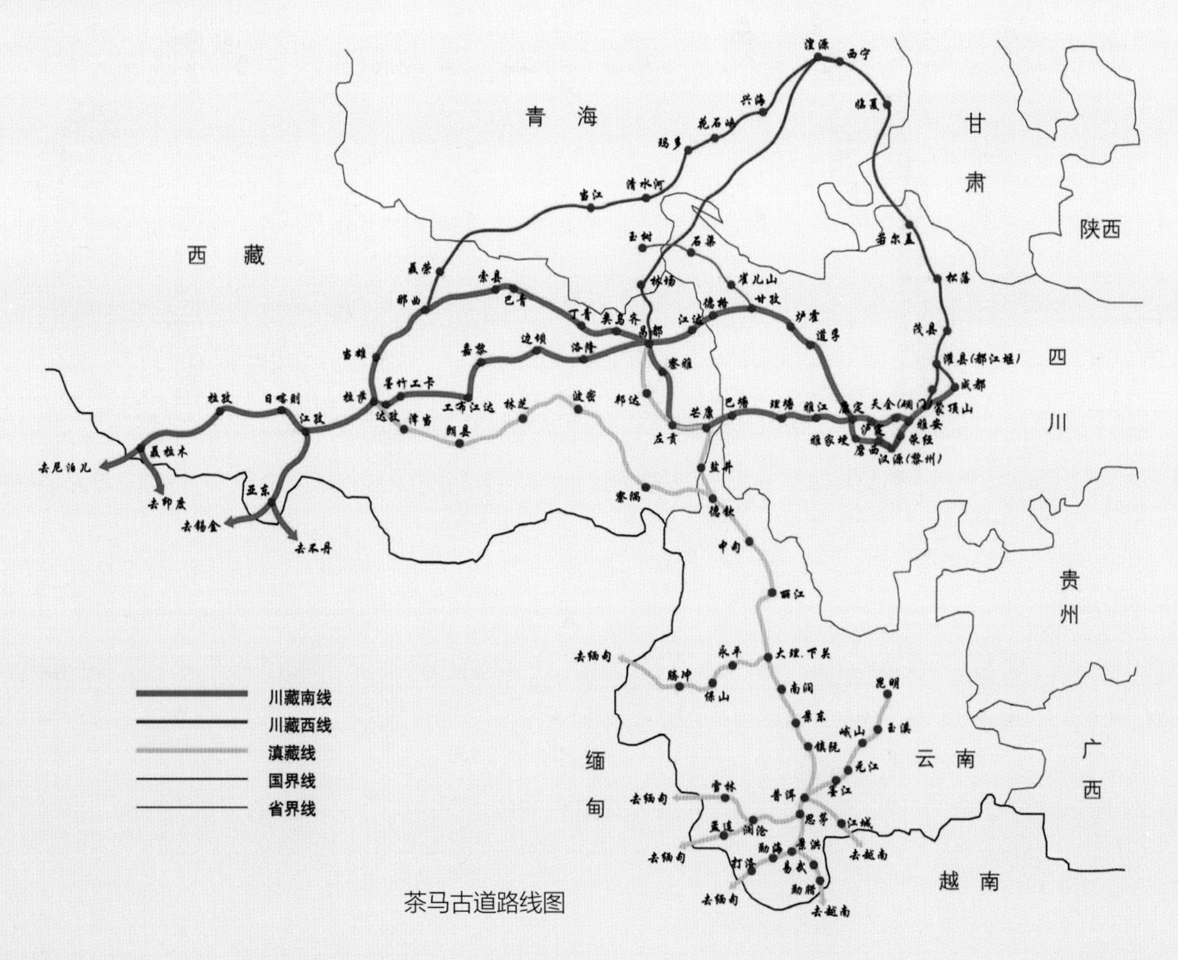

茶马古道路线图

海上烟波有茶香

公元6世纪下半叶，随着中国佛教“天台宗”的传布，茶叶随之传入朝鲜半岛和日本。

明代郑和下西洋，茶叶传入非洲。

1784年，美国帆船“中国皇后”号抵达广州港，开始了美国与中国正式的茶叶交易。

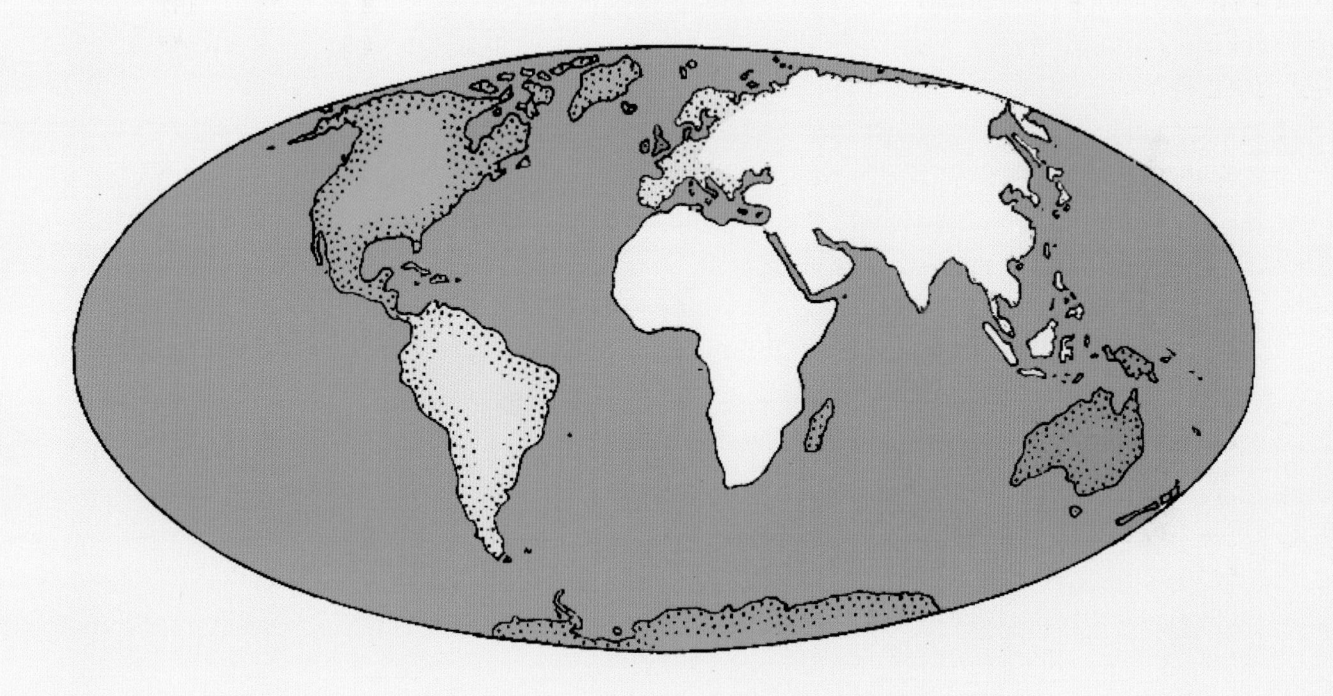

1606年，荷兰东印度公司第一次将中国茶叶运抵阿姆斯特丹，然后再卖到意大利、英国、法国、德国等地，茶叶传遍欧洲。

1812年，巴西引入中国茶叶；1824年，阿根廷在中国购置茶叶种子回国种植。茶叶在南美洲国家流传开来。

19世纪初，茶叶由传教士和商船带到澳大利亚和新西兰，茶叶贸易在大洋洲兴旺起来。

第1章

水为茶之母，器为茶之父

茶之一道，水和茶具都是极为重要的，素有“水为茶之母，器为茶之父”之说。水是将茶中滋味发挥出来的重要载体，好水能够将茶性发挥得淋漓尽致。古人有这样的说法：“茶性必发于水，八分之茶，遇十分之水，茶亦十分；八分之水，遇十分之茶，茶只八分耳。”，可见水之重要。

而茶具则是中国茶道最为外在的表现，没有茶具，茶道便无从说起。精美的茶具能让茶道表演起来更加赏心悦目。因此，用精美的茶具泡上品的茶，两者相得益彰，这是每个茶人所期望的。

好茶还须配好水

好水的品质：活、甘、轻、清

品茶先试水，水质能直接影响茶汤的品质。水之于茶，犹如水之于鱼一样，“鱼得水活跃，茶得水更有其香、有其色、有其味”，所以自古以来，茶人对煮茶之水津津乐道，爱水入迷。

古人认为，天然水是泡茶的最佳用水，天然水按其来源可分为泉水、溪水、江水、湖水、井水、雪水、雨水等，泉水是其中的佳品。泡茶的标准好水，不外合乎活、甘、轻、清这四个条件。

活

“活水还须活水烹，自临钓石汲深清”，活水是指水源要活，就是水要经常流动，用《茶经》上的原话来说，就是：“其水，用山水上，江水中，井水下。其山水，拣乳泉、石池、漫流者上。”

甘

“水泉不甘，能损茶味”，只有水“甘”，才能品出“味”。因此，要求泡茶之水必须“甘”，才能泡出上等好茶。

古人认为，雨水富有营养并有甜味，且江南梅雨时的雨水最甜。也可以用雪水煎茶，一是取其甘甜，二是取其清冷。陆羽品水，也认为雪水是很好的煮茶用水。

轻

乾隆皇帝也是对茶有资深研究的人，在每次出巡时，都带有一只精制银斗来检测各地的泉水，按水的轻重挨个尝试泡茶，而后得出“水轻者泡茶为佳”的结论。

水之轻重类似于软水和硬水，硬水中含有钙、镁、铁等矿物质，能增加水的重量，影响茶的原味，因此适宜用软水来泡茶。一般来说，水的 pH 值在 6.7 ~ 7.3 的弱碱性水、弱酸性水或中性水，能较好地体现茶叶的色、香、味、韵，是理想的泡茶用水。

清

择水重在“山泉之清者”，水质一定要清。有不少爱水之人，发明了许多澄清水或养水的好方法，如“移水取石子置瓶中，虽养其味，亦可澄水，令之不淆。”

宜茶之水的等级

名茶伴美水，才能相得益彰，可是宜茶之水是有品第之分的，陆羽在《茶经》中就有“其水，用山水上，江水中，井水下。其山水，拣乳泉、石池、漫流者上。”

泉水

泉水是最佳的沏茶之水，因为泉水为源头活水，时刻处于流动状态，并且经过很多砂岩层的渗透，相当于经过多次过滤，所以洁净且水质软、清澈甘洌，用这种水泡茶，能使茶的色、香、味、形得到最大限度的发挥。但是泉水不是随处可得的，对多数爱茶人而言，只能视条件去选择。

我国比较著名的名泉有镇江中冷泉、无锡惠山泉、苏州观音泉、杭州虎跑泉和济南趵突泉等。

江、河、湖水

江、河、湖水属地表水，含杂质较多，混浊度较高，一般说来，沏茶难以取得较好的效果，但在远离人烟、植被覆盖之地，污染较少，这样的江、河、湖水，仍不失为沏茶好水。如浙江桐庐的富春江水、淳安的千岛湖水、绍兴的鉴湖水就是上等好水。唐代陆羽在《茶经》中说：“其江水，取去人远者”，说的就是这个意思。

井水

井水属地下水，一般来说悬浮物含量少，透明度较高，但是井水多为浅表水，尤其是城市井水，容易受到污染，有损茶味。如果能得到深井水则同样也能沏得一杯好茶。唐代陆羽就说“井取汲多者”、明代《煎茶七类》中讲的“井取多汲者，汲多则水活”，说的就是这个意思。

纯净水

纯净水是适合泡茶的一种典型用水，虽然它经过了多层的过滤和超滤等技术，但它净度好、透明度高，不含任何杂质，酸碱度达到中性，用这种水泡茶，能最好地衬托茶性，使沏出的茶汤晶莹透彻，香气醇正，鲜醇爽口。市面上纯净水品牌很多，大多数都宜泡茶。

矿泉水

矿泉水富含对人体有益的矿物质，而这些矿物质却不利于茶性的发挥，但呈弱碱性的矿泉水却非常适合泡茶，有助于茶性的激发。

自来水

自来水一般含有消毒氯气等化学物质，并且在水管中滞留的时间较久，含有较多的铁质。如果直接煮沸后泡茶，很容易有苦涩味，茶汤的颜色也不好。所以要想得到较好的自来水沏茶，最好用干净容器盛接自来水静置一天，等氯气自然散逸后再煮沸沏茶，或者用净水器来达到净化的效果。

品茶必备器具

入门级茶友必备茶具展示

茶叶罐

一般喝茶之人家中都会有茶叶罐以存放茶叶，以备待客。可以用来制作茶叶罐的材质很多，常见的有瓷罐、铁罐、锡罐、木罐、纸罐、塑料罐等。

茉莉花茶叶罐

如何选购

1. 选购茶叶罐总体要求是密封性好、防潮、不透光、无异味为佳。

(1) 瓷罐。最好选购名品茶叶罐，不要选购破裂，粗糙的。

(2) 铁罐。最普通的茶叶罐。表面不粗糙，不划手，不要有油漆味等。

(3) 锡罐。注意不能含铅。建议去正规厂家购买锡罐，经过国家层层检验，符合国际餐具卫生。

(4) 木罐。不要裂，不要有异味。

(5) 大小。茶叶罐的罐体不宜太大，因为茶叶不宜久存，太大的罐体不实用，还占地方。

2. 要根据不同的茶叶选择不同的茶叶罐。比如存放铁观音或茉莉花茶等味道重的茶叶，用锡罐、瓷罐较合适；存放普洱茶适合用透气性好的竹、纸、陶质的茶叶罐。

青花瓷茶叶罐

绿釉瓷罐

使用指南

1 . 茶叶罐要放在阴凉干燥的地方，避免阳光直射，不要放在有异味或有热源的地方，也不要和衣物放在一起。

2. 新茶罐如果有少许异味，可先在里面放少许茶末，盖上盖子，一两天后再把茶末倒掉。

3. 一种茶最好固定用一个茶叶罐。

4. 茶叶罐使用完以后要立刻密封好，以防受潮。

红釉瓷罐

茶壶

茶壶就是用来泡茶和斟茶用的器皿，也有直接用小茶壶来泡茶和盛茶，独自酌饮的。有些资深的茶友可以按照茶性来挑选茶壶，这样好茶自然就泡成了。

从质地上看，茶壶主要有紫砂壶、瓷茶壶、玻璃茶壶等，其中以紫砂壶为佳。

好的茶壶讲究三山齐。

如何选购

1. 出水流畅：茶壶嘴出水流畅，不淋滚茶汁，不溅水花。

2. 三山齐：茶壶的壶嘴、壶纽、壶柄在一条直线上。

3. 三平法：选壶时还有一种三平法，即壶嘴不能低于壶口，壶嘴、壶柄在一条水平线上，上下落差不得超过 5 厘米。

4. 精密度：壶盖宜紧不宜松，与壶身的密合度愈高愈好，否则容易使茶香散漫。

5. 保温：泡后能使茶汤保温，不会散热太快，以利于茶叶中的营养成分充分浸出。

使用指南

壶口

气孔

1. 泡茶时，茶壶大小要依饮茶人数多少而定。

2. 持壶方法：持壶的标准动作是拇指和中指捏住壶柄，向上用力提壶，食指轻轻搭在壶盖上，无名指向前抵住壶柄，小指收好。此外还可以双手持壶和勾手持壶。需要注意的是，无论哪种持壶方式，都不要盖住壶纽上的气孔。

3. 在泡茶的过程中，壶嘴不能对着客人，要朝向自己。

4. 倒茶时一定要用手指扶住茶盖，以免茶盖滑落。

茶盘

茶盘在茶具家族中，是一个默默无闻的角色，但是它很重要，因为壶、杯等茶具必须借助它才能一一展现。没错，它主要就是用来放置茶壶、茶杯等茶具的，也可以用来盛接溢出的茶汤或废水。

从材质上来说，有竹质、木质、瓷质、紫砂或石质茶盘；从功用上来说，有单层、双层之分。

如何选购

1. 材质选择。最常见、最实用的是竹质和木质，经济实用，也符合环保理念。最常见做茶盘的木料有花梨木、黑檀木、鸡翅木、绿檀木等。

2. 大小选择。喝茶的人少或空间小，可以用小点的茶盘。自身茶友或茶具较多者不妨买大点的茶盘。

3. 类型选择。不常喝茶的朋友或一般茶友可以买盛水型茶盘，既满足要求，还节省空间。泡茶量大或经常喝茶的茶友适宜买接管型的茶盘。

使用指南

1. 用茶盘盛放茶具时，茶具最好摆放整齐。

2. 茶盘常被用来盛接凉了的茶汤或废水，用完后最好不要让废水长时间停留在茶盘内，应及时将其清理并擦拭干净。

单层茶盘

随手泡

在泡茶的过程中，煮水的环节十分重要，合适的水温对泡好一杯好茶来说至关重要，而随手泡就是泡茶煮水时最常用、方便的工具。

随手泡主要有不锈钢、铁、陶、玻璃等质地，多用电磁炉加热或电热炉加热，也有用酒精炉加热的。

不锈钢或铁质的随手泡，应放在电磁炉或电热炉上。

如何选购

1. 最好选购知名品牌的随手泡，能确保产品质量和售后服务。

2. 选购具有温控功能的随手泡，水开后会自动断电，能防止因无人看管而造成的干烧，避免引发事故。

使用指南

1. 新壶第一次使用前，最好加水煮开，并多浸泡一段时间，以去除异味。

2. 在使用随手泡冲泡茶叶时，壶嘴不宜对着客人。

不锈钢随手泡

紫砂壶随手泡

品茗杯

品茗杯常常与闻香杯配合使用，用于品饮茶汤。

品茗杯的种类很多，一般以质地区分，主要有玻璃、瓷、紫砂质地。

如何选购

1. 选择品茗杯要遵循“小、浅、白、薄”的原则：“小”指杯子不宜过大，以三小口的容量为最佳；“浅”可使水不留底；色白能彰显茶汤的颜色；质薄则茶叶起香快。

2. 选择瓷质、陶质或紫砂质品茗杯时，要选择杯底较浅，杯口较广，透光性较高的。

使用指南

1. 拿品茗杯时用拇指和食指捏住杯身，中指托住杯底，无名指和小指收好，持杯品茗，这个姿势也叫“三龙护鼎”。

2.“品”字三个口，一杯茶一般分三口慢慢品饮。

女士用三龙护鼎的姿势拿杯，无名指和小指可轻翘也可以微微收回。

盖碗

盖碗是一种上有盖、下有托、中有碗的茶具，盖、碗、托分别象征着“天、地、人”三才，因此盖碗又称“三才碗”“三才杯”。鲁迅先生在他的《喝茶》一文中曾写道：“喝好茶，是要用盖碗的。于是用盖碗。果然，泡了之后，色清而味甘，微香而小苦，确是好茶叶。”

盖碗可用来冲泡茶叶，也可以当品茗杯使用。因此它既有壶的功能，又有碗的用处，既能保持茶温，又可以通过开闭盖儿来调节茶叶的溶解度。

其材质也很多，紫砂、瓷质、玻璃质地等，以各种花色的瓷质盖碗为多。

如何选购

1. 选择盖碗时要注意盖碗口的外翻程度，一般以外翻程度较大的为好，既便于拿取，冲泡时也不会烫手。

2. 高品质的盖碗多为薄胎，因为薄胎在冲泡时吸热少，茶叶温度就会高，更易激发茶香。

使用指南

1. 使用盖碗品茗时，碗盖、碗身、碗托三者不应分开使用，否则影响美感，也不礼貌。

2. 饮茶时，一手托起茶托，另一手揭开碗盖，先嗅盖香，再闻茶香。然后用碗盖轻刮茶汤，把盖子盖得有点倾斜度，再慢慢品饮。

公道杯

公道杯主要是用来盛放茶汤，将茶均匀地分到品茗杯中。它的主要特点在“公道”二字上，它主要用来盛放泡好的茶，并将茶水均匀地分到每个饮茶人的杯子里，从而使每个茶杯中的茶汤浓度和口味相同，因此谓之“公道杯”。

公道杯有瓷质、紫砂和玻璃质地等，最常用的是瓷质或玻璃公道杯。

如何选购

1. 公道杯的容积通常大于与它搭配使用的茶壶或盖碗。

2. 为了操作方便，尽量购买带把柄的公道杯。

3. 最好选用玻璃公道杯，因为玻璃透明，便于观察茶汤的颜色。

使用指南

1. 泡茶时，为了避免茶叶冲泡的时间过长，致使茶汤过浓过苦，应掌握好时间，及时将泡好的茶汤倒入公道杯里，以随时分饮。

2. 用公道杯给品茗杯分茶时，每个品茗杯应倒至七分满，不可过满。

白瓷公道杯

过滤网和滤网架

在茶具中，过滤网和滤网架是一对好搭档，它们总是成对儿出现。过滤网是用来过滤茶渣儿的，滤网架是用来放置过滤网的。

过滤网按照外柄的材质分，有不锈钢、瓷、陶、竹、木质的以及葫芦瓢等。按照网面的材质分，有铝质的和布面的，一般布面的过滤得较为干净。

滤网架的材质多为瓷、不锈钢和铁质的，但是形状多样，有动物形状的，也有手形的，极富装饰效果。

如何选购

1. 过滤网最好选择不锈钢材质的，因其需要经常沾水。

2. 过滤架的款式繁多，有动物形状、人手形状等，装饰效果比较好。

3. 过滤网的材质很多，老茶友一般喜欢购买葫芦瓢材质的，因为用葫芦瓢材质显得古意盎然。

使用指南

1. 因为过滤网和滤网架经常沾水，宜选购不锈钢材质的。

2. 使用时将过滤网放在公道杯口上，滤去茶渣儿，使茶汤颜色更加清澈、透明。不用时将过滤网放到过滤架上即可。

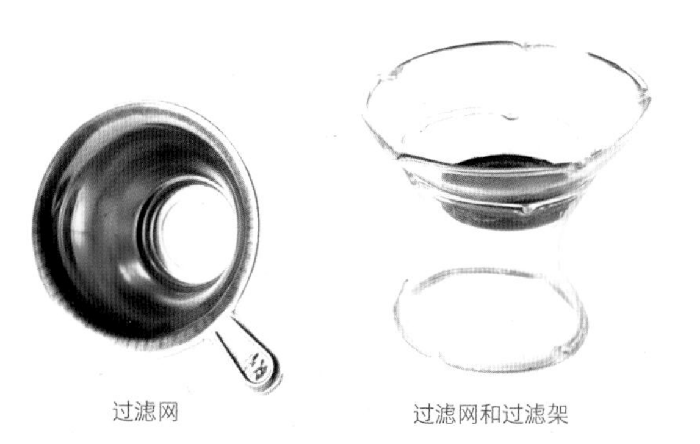

过滤网　　过滤网和过滤架

茶巾

茶巾又称茶布，用来擦拭泡茶过程中茶具外壁的水渍、茶渍。

质地主要有纯棉和麻布；花色有印花和素色之分。

如何选购

购买茶巾主要看吸水性，应选择吸水性好的棉、麻布，花色则可根据个人喜好进行选择。

使用指南

1. 茶巾只能擦拭茶具外部，不能用来擦拭茶桌上的水和污渍等。

2. 使用茶巾擦拭茶具时，一只手拿茶具，另一只手拇指在上，其余四指在下托起茶巾擦拭。

3. 茶巾使用完以后要折叠起来，折叠的方法是：先将茶巾等分三段，向内对折；然后再等分三段，向内对折；接着，将茶巾等分四段分别向内对折；最后再等分四段，向内对折。

茶巾主要用于擦拭茶壶、品茗杯侧部和底部的水渍，因此应选择吸收性强的。

正确叠茶巾的方法

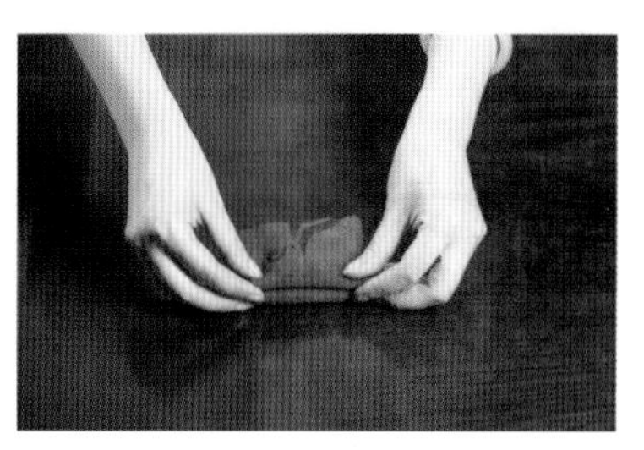

资深茶友必备茶具展示

闻香杯

闻香杯是专门用于闻香的器皿。传统的茶道讲究“一嗅二闻三品味”，这里的“闻”说的就是闻香杯的妙用。

闻香杯多为瓷质，也有内施白釉的紫砂，还有陶质的。

陶质闻香杯

紫砂闻香杯

如何选购

闻香杯一般瓷质的比较好，可以直接观赏到茶汤的颜色，而紫砂质地的闻香杯容易使香气吸附在紫砂里面，并且不利于观赏到茶汤的颜色。但是从冲饮的品质上讲，紫砂的比较好。

使用指南

1. 首先将茶汤倒入闻香杯，然后将品茗杯倒扣在闻香杯上。(如图 1)

2. 用手将闻香杯连同倒扣其上的品茗杯一起托起，迅速将闻香杯倒转，使闻香杯倒扣在品茗杯上。(如图 2、3)

3. 将闻香杯轻轻提起后，双手掌心向内夹住闻香杯靠近鼻孔，吸闻茶香，可边闻边搓动闻香杯，这样可使闻香杯中茶的香气慢慢散发。(如图 4)

1

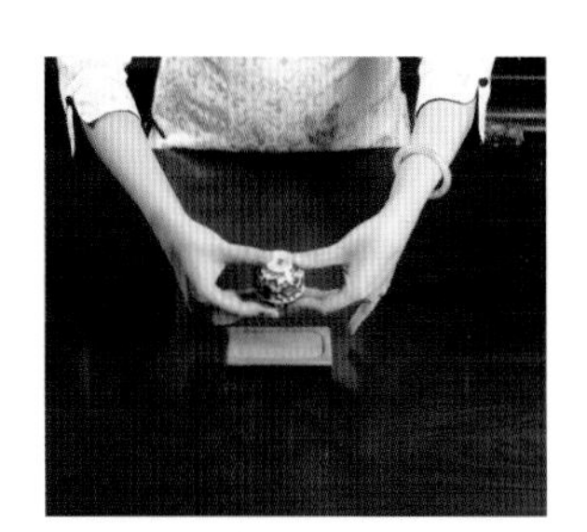

2

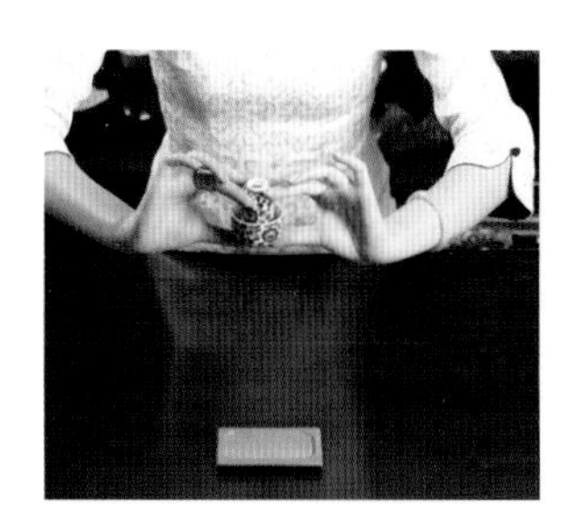

3

4

茶荷

茶荷主要做赏茶之用，但它在置茶时也兼具以下功能：暂时盛放从茶叶罐中取出来的干茶；待人们欣赏完茶叶的色泽和形状后，将茶叶投入壶中。此外，也有人会在茶荷中将茶叶略为压碎，以增加茶汤浓度。

茶荷的材质以瓷质、竹质、木质、石质的较为常见。

如何选购

1. 最好选购瓷质，更能衬托出茶叶的性质和色泽。

2. 家庭饮茶如没有茶荷，可用质地较硬的厚纸板折成茶荷形状代替。

使用指南

1. 用茶荷取放茶叶时，手不能碰到赏茶荷的缺口部位，以保持茶叶的清洁。

2. 供客人赏茶时，左手的拇指和其余四指分别握住茶荷，右手托住茶荷的底部。

3. 家庭饮茶没有茶荷时，可用质地较硬的厚纸板折成茶荷形状代替。

盖置

盖置主要是用来放置壶盖以保持壶盖的清洁、减少壶盖的磨损，同时防止盖上的水滴在桌上。

盖置的款式多种多样，有木桩形的“支撑式”盖置，也有小莲花台形的“托垫式”盖置等。其材质主要有紫砂、瓷质、竹木质地。

如何选购

1. 材质选择。宜购买木质盖置，以避免和壶盖发生碰撞，导致壶盖破损。

2. 样式选择。盖置样式繁多，有漂亮的瓷质或紫砂质的小莲花台，还有小盘、鼓墩形等，根据个人爱好来选择。

3. 盖置是资深茶人的必备茶具之一，偶尔喝点茶的朋友，可以用一个干净的小碟来代替。

使用指南

1. 宜购买木质盖置，以避免与壶盖发生碰撞，导致壶盖破损。

2. 盖置一般为资深茶人的茶具之一，如果只是偶尔喝点茶，不必单独购买，用一个干净的小碟代替也是不错的选择。

盖置是在泡茶过程中放壶盖的。

壶承

壶承又叫壶托，是专门用来放置茶壶的器具。

按外形分，壶承多为碗形或花形的；按质地分，壶承有紫砂、陶土、瓷质等。

使用指南

1. 使用时，在凸起的水平台上放个垫子，可避免壶与平台产生磨损。

2. 在选用壶承时可根据茶桌的风格来挑选适合的形状和材质。

壶承有各种不同的质地，可根据壶的颜色和质地来加以选择和搭配。

杯垫

杯垫也称杯托、小茶盘，多与品茗杯或闻香杯配套使用，也可随意搭配。使用杯垫给客人奉茶，显得既卫生又高雅。

杯垫的材质以木质、竹质、塑料质地为多。

如何选购

1. 选购时，要和品茗杯及闻香杯搭配相宜，这三者是配套使用的。杯垫一般与茶道组合一起成套制作，最好是成套购买。

2. 资深茶友可单独购买一种有把柄的杯托，方便盛放茶杯。茶友小聚时，显得卫生、高雅。

使用指南

1. 杯垫用来放置闻香杯与品茗杯。

2. 使用杯垫给客人奉茶，比较卫生。

3. 使用后的杯垫要及时清洗，如果是竹、木等质地，要通风晾干。

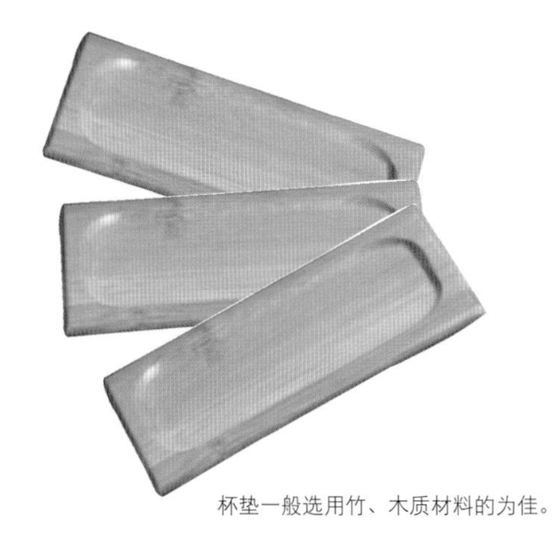

杯垫一般选用竹、木质材料的为佳。

水盂

水盂又称茶盂、废水盂。用来盛接凉了的茶汤、废水和茶渣等。

水盂以陶质、瓷质材料为主。

如何选购

在没有茶盘、废水桶时，可使用水盂来盛接废水和茶渣，简单方便。如有了茶盘或废水桶，可以不用单独购买水盂。

使用指南

1. 水盂盛接凉茶汤和废水的功能相当于废水桶、茶盘。也有人有了茶盘或废水桶，就不再单独购买水盂。

2. 水盂容积小，倒水时尽量轻、慢，以免废水溢溅到茶桌上，并要及时清理废水。

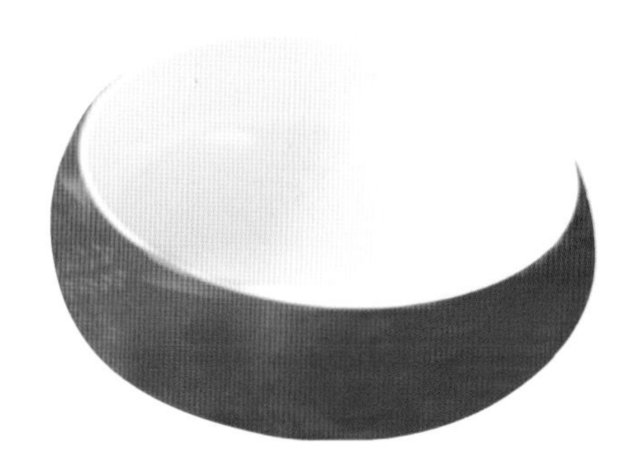

养壶笔

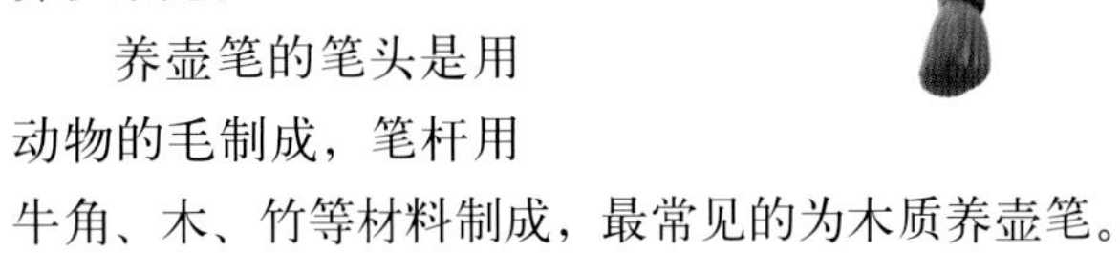

养壶笔主要是用来刷洗、保养茶壶的外壁，也可以用来清洗和养护茶宠。

养壶笔的笔头是用动物的毛制成，笔杆用牛角、木、竹等材料制成，最常见的为木质养壶笔。

如何选购

养壶笔是养紫砂壶的专用笔，用来刷洗和保养紫砂茶器。所以，养壶笔一定不要有异味，笔头的动物毛也不要易脱落。

使用指南

1. 用养壶笔将茶汤均匀地刷在壶的外壁，让壶的外壁油润、光亮。

2. 可用养壶笔来养护茶桌上的茶宠。

3. 养壶笔多是竹木质地，极易受潮，每次使用完后，要及时晾干。

养壶笔蘸茶汤刷壶，茶壶会越养越有“灵性”。

普洱茶针

普洱茶针是在冲泡普洱饼茶、砖茶、沱茶等紧压茶时使用的茶具。

普洱茶针主要有金属、牛角、骨质等材质的。

如何选购

普洱茶针最好不要选择很锋利的，尽量避免弄碎紧压茶的条索。

使用指南

1. 使用时先将普洱茶针横插进茶饼中，然后用力慢慢向上撬起，用拇指按住撬起的茶叶取茶。

2. 不同形状普洱茶的撬取顺序：撬茶砖时，普洱茶针从茶砖的侧面入针；撬茶饼时，普洱茶针从茶饼中心的凹陷处开始；撬沱茶时，沿沱茶条索撬起。

普洱茶针比较尖锐，所以在撬茶时要小心，不要戳到手指。

茶宠

茶宠也称为茶玩，就是茶水滋养的宠物，具有招财进宝、吉祥如意的寓意，主要用来装点和美化茶桌。喝茶时经常蘸些茶汤涂抹茶宠，或直接用剩茶水淋漓，天长日久，可使茶宠变得温润可人，并散发出悠悠的茶香。很多爱茶人都有自己心爱的茶宠。

茶宠多是用紫砂或澄泥烧制的陶质工艺品，尤以紫砂质地的茶宠最好，因为紫砂茶具越养越有灵性。茶宠造型各异，常见的有蟾蜍、猴头、小狗、小猪、弥勒佛等。

如何选购

1. 茶宠有各种造型，如猴头、小狗、弥勒佛等，可以根据自己的喜好来选择。

2. 茶宠最好与茶桌、茶具、环境等相匹配。

3. 最好选择紫砂质地的茶宠，越养越有灵性。

使用指南

1. 在泡茶和品茶过程中，和茶桌上的茶宠一起分享甘醇的茶汤，别有一番情趣。

2. 紫砂茶宠可以用清水、温水直接清洗，也可以用养壶笔进行辅助清洗。

弥勒佛茶宠

小猪茶宠

茶道六用

也称茶道具，包括茶则、茶匙、茶漏、茶针、茶夹、茶筒六个泡茶工具。它们在泡茶过程中起辅助作用，使泡茶过程更雅观、讲究。

茶道六用中的每道茶具都各有用途，功能不可替代。

茶道六用多为竹质、木质，檀木茶道组合是爱茶人士的首选。茶筒造型有直筒形、方形、瓶形等。

如何选购

茶道六用的选择可根据个人喜好而定，瓶形茶筒较雅致，方形则较古朴。

使用指南

取放茶道六用时，不可手持或触碰到茶具接触茶叶的部位。

茶筒：用来盛放以上五种茶具的容器。

茶漏：向壶中投放茶叶时，放在壶口，防止茶叶外漏。

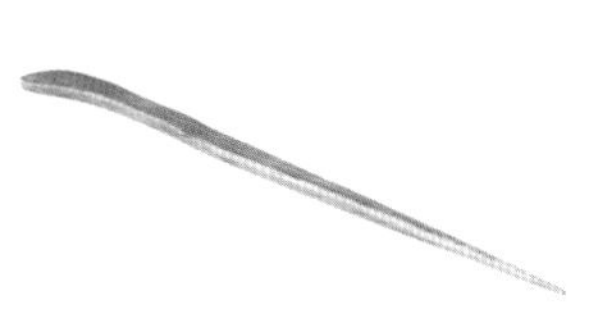

茶针：用来疏通壶嘴。

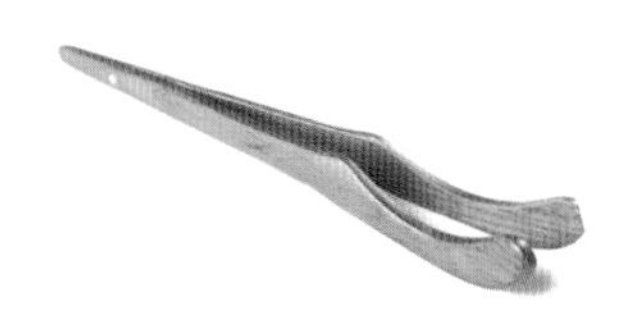

茶夹：温杯的时候用来夹取品茗杯和闻香杯。

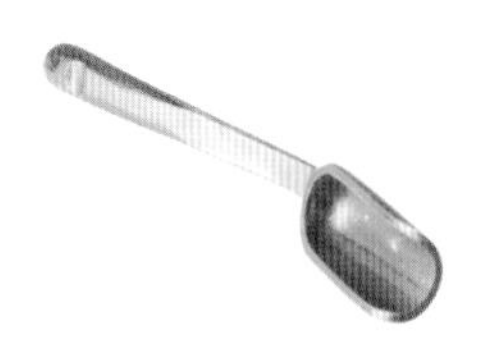

茶则：用来量取茶叶，即从茶叶罐中取茶。

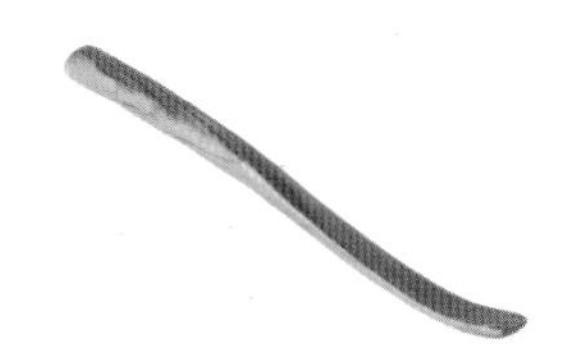

茶匙：用来向茶壶或盖碗中拨倒茶叶。

成套茶具如何选购

一般而言，购买茶具最好成套地购买，这样不但看起来美观，而且在品茶时也更加有情调。现在市场上卖得最多的茶具为瓷器茶具、玻璃茶具和紫砂茶具。各类茶具各有特色，可根据个人爱好，因茶而异，灵活选用。

紫砂茶具将会专门介绍，这里就不赘述了。

瓷器茶具

陶瓷茶具传热较慢，保温适中，能呈现出茶原本的色、香、味，而且此类茶具一般造型丰富，款式多样，具有艺术欣赏价值，价格也适中，从几十元到几百元不等，能够迎合很多人的口味。陶瓷茶具主要有青瓷茶具、精陶茶具、彩陶茶具几种，有一壶四碗为一套的，也有一壶六碗为一套的，有的还配有托盘。陶瓷茶具唯一的缺点是不透明，不利于欣赏茶叶飞舞的姿势。当然，个人可根据自己的喜好、实际需要以及家庭茶室的总体风格来选购。

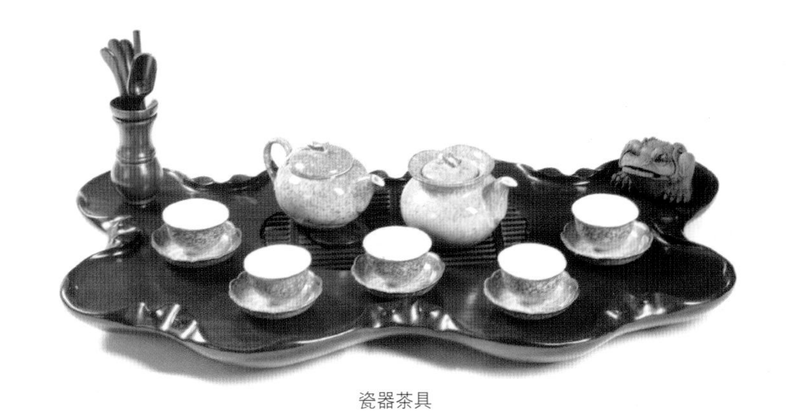

瓷器茶具

玻璃茶具

无色透明的玻璃杯，适宜泡名贵的细嫩绿茶，如龙井、碧螺春、黄山毛峰等，杯中轻雾缥缈，澄清一碧，茶芽朵朵，亭亭玉立，旗枪交错，上下沉浮，饮之沁人心脾，观之赏心悦目。

玻璃茶具

不同场合需备的茶具

饮茶是一件惬意美好的事儿，能让我们在忙碌时暂时歇一歇大脑，在旅途中享受一份惬意，在烦躁时感受一份宁静……可是，受不同时间、地点的限制，饮茶似乎很难随时随地进行。其实，只需要一套合适的茶具，这个愿望就可以实现。

家庭茶室必备的茶具

对于爱茶人来说，能拥有一个专属茶室，简直是再好不过了，家庭专设茶区只需要一块不大的地方，根据个人的喜好简单布置一番，绿植、小桌椅当然不可或缺，一套像模像样的茶具更是重中之重。

家庭泡茶需要的器具较为简单，茶壶、品茗杯、随手泡、公道杯、过滤网就可以了，但是如果想在你的那块专属小天地里多些韵味，不妨多置办一些：茶盘、盖碗、茶巾、茶道具、杯垫、茶荷、茶刀、壶承等。这些茶具摆放在合适的位置，也能为温馨的小家徒增一份雅致。在休闲的午后，动手给家人泡壶好茶，不需要多说，柔柔的亲情自然流淌。

小资情调

办公室必备茶具

办公室是一个精神高度紧张的地方，利用工作的间隙为自己冲泡一杯香茗，提神醒脑又怡然自得，还能舒缓精神，提高工作效率。办公室泡茶一般以杯泡为主，一般紫砂杯、瓷杯或玻璃杯均可，尤以飘逸杯最合适，不仅美观时尚，容易操作，还适合冲泡各种茶叶。另外，飘逸杯也适合旅行时携带。

小资情调茶室

有小资情调的人要想营造饮茶的氛围，茶玩、养壶笔必不可少，此外可借助干花、小型花艺、绿植的摆设来渲染气氛。

办公室茶具

家庭茶具

第2章

精品茶具赏鉴 灿若天边彩虹

茶具历史久远，从最早的竹木茶具到瓷器茶具再到后来的茶具之王紫砂茶具，已经发展出了一系列不同质地、不同流派的茶具，每一种茶具都代表着一个时代，一种文化。

紫砂壶自其出现以来，就奠定了其在茶道中的王者地位。再加上明清两代名家辈出，精美、足以流传百世的紫砂壶层出不穷，名家们的奇思妙想，让我们在品尝茶叶的馨爽时，也进行视觉上的享受。

中国茶具历史演变

自神农发现茶叶以来，中国人饮茶历史已经近 5000 年了。最初我们的祖先饮茶并没有专用的茶具，而是与食具、水具和酒具混用。但随着茶从食用、药用到饮用的演化，饮茶日渐成为人们生活中的一部分，到了唐代，专用的饮茶器具也就成了饮茶活动中不可缺少的重要组成部分，下面，我们就来了解一下中国茶具的发展过程吧。

唐代的茶具

唐代是我国历史上一个非常繁荣的时期，整个社会的物质财富达到了鼎盛期，对于精神生活的需求也日益加剧，因此，对饮茶也上升了一个高度，到达“品饮”阶段。而人们对茶业的消费也推动了茶具的发展。唐代最受欢迎的是瓷质茶具，由于它耐高温、产量大、价格低、易清洁，因此受到大众的欢迎，成为茶具的主要材质。下面，我们就来了解一下唐代茶具的器型。

茶釜

茶釜是唐代的一种重要茶具，因为茶在唐代是以“烹煮”为主，要把茶饼碾成末放到茶釜中煎煮。

日本还保留着唐代的品茶习惯，所以茶釜在他们的茶道中还能看到。

茶臼

茶臼是一种将茶叶磨成粉末的器具。茶臼的臼体紧致厚实，平底，外面施釉，而臼里露胎，不施釉，而且是满月牙状的小窝，凹凸不平，正好用来研茶。

唐代白瓷茶臼

茶则

茶则是量器的一种，茶末入釜时，需要用茶则来量取。

现在茶具也有茶则，其功用跟唐代一样。

茶瓯

茶瓯是最典型的唐代茶具之一，也有人称之为杯、碗。茶瓯又分为两类，一类以玉壁底碗为代表；另一类常见的是茶碗花口，通常为五瓣花形，一般出现在晚唐时期。

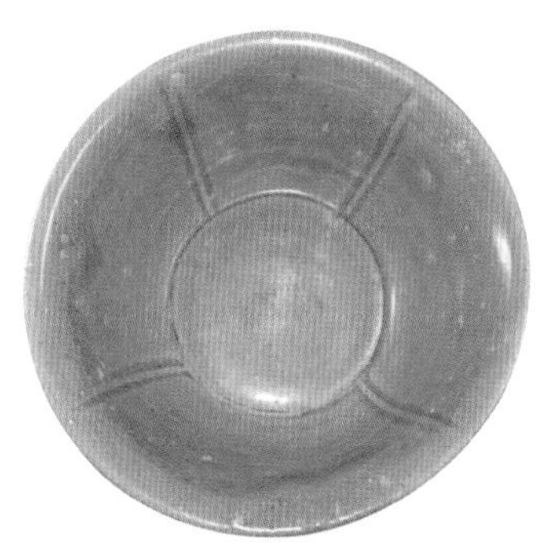

玉壁形茶瓯

茶托

茶托是为防茶杯烫手而设计的器具，在东晋的时候就有青瓷盏托出现。唐代茶托的造型比两晋南北朝时期更加丰富，如莲瓣形、荷叶形、海棠花形等各种款式茶托大量出现。

青瓷茶托

汤瓶

到了晚唐五代之际，点茶开始出现，点茶需要用的茶具叫汤瓶，又叫“偏提”，是从盛酒的器具酒注子演变而来的。以汤瓶盛水在火上煮至沸腾，置茶末于碗、盏中，再将汤瓶中的沸水注入茶碗。

水车窑汤瓶

宋代的茶具

宋代的饮茶方式更加有文化和品位，且点茶和斗茶是宋代最有特色的品饮方式。宋代的代表性茶具主要有汤瓶、茶筅和茶盏。茶汤前面已经有说明，在这里就不赘述了。

茶筅

茶筅是烹茶时用来调茶的工具，形状有点像现代人用的打蛋器，一般以竹为材料，将细竹丝系为一束，加柄制成。

日本茶道中，茶筅仍是一种必备茶具。

茶盏

在宋代时，人们比较推崇白色的茶汤，所以宋代比较流行黑釉盏来点茶。茶盏的形状大致有两种：一种是口沿较直；另一种则是撇口，像喇叭，有的还以描金装饰，书“寿山福海”等字样。除建窑外，宋代的官窑、哥窑、定窑，钧窑、龙泉窑、吉州窑都普遍烧制茶盏。

茶盏

明清茶具

到了明代以后，由于茶叶由茶饼改为散茶，茶叶的品饮方式为之一新。由于茶叶不再碾末冲泡，之前茶具中的碾、磨、罗、筅、汤瓶等茶具都弃之不用了。而茶具也多用景德镇的瓷器为主。

茶壶

到了明代，用来泡茶的茶壶才开始出现。壶的使用去除了盏茶易凉和易落尘的不足，也大大简化了饮茶的程序，受到了世人的推崇。明清的茶壶尚小，同时，紫砂壶大量出现。

明代紫砂壶

宜兴窑紫砂黑漆描金吉庆有茶壶

盖碗

盖碗是清代茶具中的一大特色。盖碗一般由盖、碗及托三部分组成，象征“天、地、人”三才，反映了中国古老的哲学观。盖碗的作用是：一可以防止灰尘落入碗内，起到了防尘作用；二是防烫手，碗下的托可承盏，喝茶时可手托茶盏，避免烫伤。

盖碗一直沿用至今，依然受到人们的推崇。

茶船

茶船，又称“茶托子”“茶拓子”“盏托”，以承茶盏防烫手之用，因其形似船，所以叫茶船。茶船是从盏托演变而来，明清之际茶船很流行，造型各异，材料有陶瓷、漆木、银质等。

掐丝珐琅茶船（清）

贮茶具

明代散茶的流行对茶叶的贮藏提出了更高的要求，炒制好的茶叶如果保存不善，茶汤的效果就会大打折扣，所以贮茶具的优劣比唐宋时显得更为重要。明代贮茶器造型各异，大小不一；清代茶叶罐的种类更加丰富多彩，或圆或方、或瓷或锡，造型千姿百态。

锡胎茶叶罐

茶洗

明代人饮用的是散茶，而散茶在加工过程中可能会沾上污垢，于是在泡茶之前多了道程序——洗茶，茶洗就是洗茶的专门茶具。

不同形制的茶洗

种类繁多的茶具

除了紫砂茶具外，陶瓷茶具、金属茶具、漆器茶具、竹木茶具、玻璃茶具也都是品茶的很好选择。其中陶瓷茶具又分为白瓷、青瓷、彩瓷等。

白瓷茶具

白瓷茶具因色泽洁白，能反映出茶汤色泽，传热、保温性能适中，造型各异，堪称饮茶器皿之珍品。早在唐朝，河北邢窑生产的白瓷器具已“天下无贵贱通用之”。如今白瓷更是造型精巧，装饰典雅，很多都绘有山川河流，四季花草，飞禽走兽，人物故事，颇具实用价值和艺术欣赏价值。

适用茶类：所有茶类。因为白瓷洁白的底色能够很好地衬托出茶汤的颜色，让品茶者欣赏到清亮的茶汤。

白瓷茶具

青瓷茶具

青瓷茶具

青瓷以瓷质细腻，线条明快流畅、造型端庄浑朴、色泽纯洁而斑斓著称于世。唐代制瓷业已经成为独立的品种，唐代诗人陆龟蒙曾以“九秋风露越窑开，夺得千峰翠色来”的名句赞美青瓷。青瓷“青如玉，明如镜，声如磬”，被称为“瓷器之花”，珍奇名贵。

适用茶类：绿茶。因为它色泽青翠，用来冲泡绿茶，更能显示出汤色之美。

彩瓷茶具

彩色茶具的品种花色很多，其中尤以青花瓷茶具最引人注目。古人将黑、蓝、青、绿等诸色统称为“青”，故“青花”的含义比今人要广。它的特点是：花纹蓝白相映成趣，有赏心悦目之感；色彩淡雅可人，有华而不艳之美。加上彩料之上涂釉，显得滋润明亮，更平添了青花茶具的魅力。

适用茶类：花茶、黄茶、红茶。因为彩瓷中都有这些茶类所适应的颜色。花茶比较适合用青花茶具，黄茶适合黄色茶具，而红茶适合红色茶具。

陶器茶具

陶器茶具无须上釉，其光泽度不如瓷器茶具，而且不透光，吸水性强。陶器茶具一般造型古朴，似山野村夫，浑然刚健，给人一种亲切自然的感觉。陶器茶具从唐宋时期开始，就已经逐渐取代金属茶具而成为人们生活中的必需品。其中以江苏宜兴的紫砂茶具最为著名。

适用茶类：乌龙茶、黑茶。陶器茶具一般颜色暗沉，而且透气性好，比较适合味重、色沉的乌龙茶、黑茶。

漆器茶具

漆器茶具比较有名的有北京雕漆茶具、福州脱胎茶具、江西鄱阳等地生产的脱胎漆器等，均具有独特的艺术魅力。它具有轻巧美观，色泽光亮。能耐温、耐酸的特点，使得漆器茶具更具有艺术收藏价值。

适用茶类：所有茶类。漆器茶具颜色多变，适合各种茶类。

金属茶具

金属用具是指由金、银、铜、铁、锡等金属材料制作而成的器具。历史上有金、银、铜、锡等金属制作的茶具，尤其是用锡做的贮茶器，一般制成小口长颈，其盖为圆桶状，密封性较好。

适用茶类：不适用。因为金属茶具泡茶会使茶走味，所以现在很少用金属茶具泡茶，但是金属制成贮茶器具，却屡见不鲜。这是因为金属贮茶器具的密闭性要比纸、竹、木、瓷、陶等要好，具有较好的防潮、避光性能，这样更有利于散茶的保藏。

竹木茶具

竹木茶具，来源广，制作方便，对茶无污染，对人体又无害，因此，从古至今，一直受到茶人的欢迎。尤其作为艺术品的黄阳木罐和二簧竹片茶罐，既是一种实用品，又是一种馈赠亲朋好友的艺术品。

适用茶类：所有茶类。竹木茶具的天然竹木香气和茶的香味融合，更有一种自然的味道。

玻璃茶具

用玻璃茶具泡茶，茶汤的色泽，茶叶的姿色，以及茶叶在冲泡过程中的沉浮移动，都尽收眼底，对于品茶者来说，是一种艺术的享受。特别是用来冲泡种种细嫩名优茶，最富品赏价值，不失为家居待客的一种好的饮茶器皿。

适用茶类：绿茶。通过透明的玻璃杯，品茶者能看到绿茶在水中上下飞舞，这也是一种美的享受。

茶具名窑

越窑

越窑是中国古代南方青瓷窑。窑所在地主要在今浙江省上虞、余姚、慈溪、宁波等地。 因这一带古属越州，故名越窑。生产年代从东汉至宋。唐朝是越窑工艺最精湛时期，此时越窑青瓷产量、品质都居全国之冠。

古代越窑青瓷

唐代的越窑青瓷，深得当时诗人的喜爱，不少诗人都描述和歌咏过越窑青瓷的美，如陆龟蒙在《咏秘色越器》中这样写道："九秋风露越窑开，夺得千峰翠色来。"茶圣陆羽在《茶经•四之器》中这样写道："若邢瓷类银，越瓷类玉，邢不如越也；邢瓷类雪，则越瓷类冰，邢不如越二也；邢瓷白而茶色丹，越瓷青而茶色绿，邢不如越三也。"至宋以后，越窑开始慢慢衰落。

越窑青瓷的特点是明彻如冰，晶莹温润如玉，色泽是青中带绿与茶青色相近。

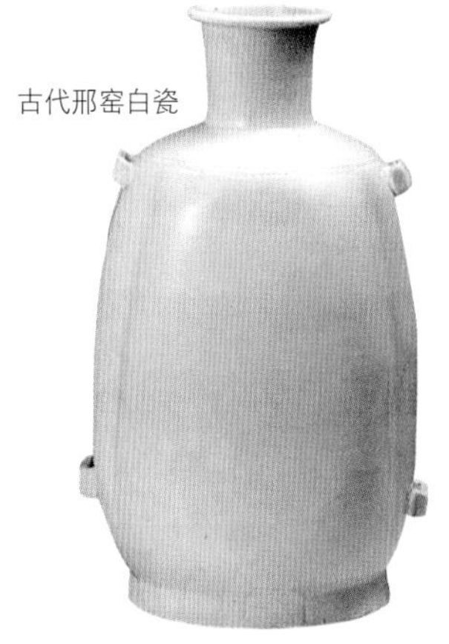

古代邢窑白瓷

邢窑

邢窑的窑址位于今河北内丘、临城一带，在唐代时属邢州，故名邢窑。主要生产白瓷，也是白瓷的发源地，在中国陶瓷史上占有很重要的地位。该窑始于隋代，繁荣于唐代。邢窑瓷器在唐代与越窑青瓷齐名，世称"南青北白"，是当时瓷器工艺的最高代表。陆羽在《茶经》中认为邢不如越，那是因为他饮用的是蒸青饼茶，如果饮用红茶、普洱茶，则结果刚好相反。因此两者各有所长，关键还是看茶性是否相配。

邢窑瓷器的特点是釉色洁白如雪，造型规范如月，器壁轻薄如云，扣之音脆而妙如方响。

钧窑

钧窑是宋代五大名窑之一，属北方青瓷系统，窑址在今天的河南省禹县，此地古属钧州，故名钧窑。钧窑始于唐代，盛于宋代，至元代衰落。

钧窑瓷器的特点是胎质细腻，釉色华丽夺目、种类之多不胜枚举，特别是宋代首创釉中加入适当铜金属，烧成的颜色呈玫瑰紫、海棠红、茄子紫、天蓝、胭脂、朱砂等色，还有窑变，美如晚霞。如今钧窑依然生产各种艺术瓷器。

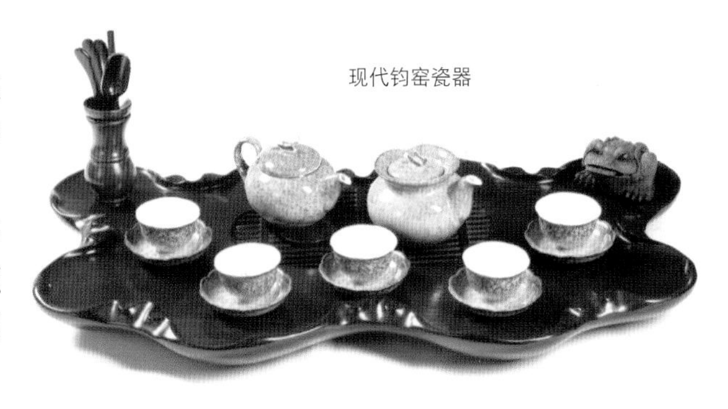

现代钧窑瓷器

明代仿定窑瓷器

定窑

定窑是宋代五大名窑之一，在今河北曲阳涧磁村和燕山村，此地因古属定州，故名定窑。是继唐代的邢窑白瓷之后兴起的一大瓷窑体系。唐代定窑主要烧白瓷；至宋代有较大发展，白瓷胎土细腻，胎质薄而有光，釉色纯白滋润，上有泪痕，釉为白玻璃质釉，略带粉质，因此称为粉定，亦称白定。除烧白釉瓷器外，还烧黑釉、酱釉和绿釉等品种，文献称为“黑定”“紫定”和“绿定”。

定窑瓷器的特点是有毛口和泪痕等特征，毛口是复烧口部不上釉，泪痕多见于盘碗外部，因釉的薄厚不匀，有的下垂形如泪迹。北宋时定窑承烧部分官窑，器物底部有“官”“新官”铭文。

南宋官窑

为宋代五大名窑之一，宋室南迁后，前期在龙泉（今浙江龙泉一带）设立官窑，后来把窑址定在临安郊坛下（今浙江杭州南郊乌龟山麓）。此两窑烧制的器物胎、釉特征非常一致，均为薄胎，呈黑、灰等色；釉层丰富，有粉青、米黄、青灰等色；釉面开片，器物口沿和底足露胎，有“紫口铁足”之称。现在，龙泉青瓷依然在国内外享有盛誉。

古代南宋官窑瓷器

汝窑

汝窑为宋代五大名窑之一，在今河南宝丰清凉寺一带，此地北宋属汝州，故名汝窑。北宋晚期汝窑为宫廷烧制青瓷，是古代第一个官窑，又称为北宋官窑。汝窑开窑时间前后只有二十年，由于烧造时间短暂，传世亦不多，在南宋时，汝窑瓷器已经非常稀有。

汝窑以烧制青瓷闻名，釉中含有玛瑙，色泽青翠，釉汁肥润莹亮，被历代称颂，有“宋瓷之冠”的美誉。

古代汝窑瓷器

壶中翘楚——宜兴紫砂壶

但凡好茶之人，都会希望自己有一把好壶。当今社会中，人们泡茶所用的多为紫砂壶或瓷茶壶。其中，宜兴的紫砂壶最为茶人所推崇。

宜兴紫砂壶之所以受到人们的喜爱，一方面是因为它造型优美、风格多样，另一方面是它在泡茶过程中有很多难以比拟的优点，比如它既不夺茶香，又能慢慢吸附茶气，长期使用后，即便用空壶盛水，也有茶香味，而且它越养越亮，越养越有灵性。因此人们说："人间珠宝何足取，宜兴紫砂最要得。"

紫砂之源

据考证，中国紫砂茶具的制造是从明代正德年间开始的，自第一个紫砂壶应运而生之后，历朝历代制作紫砂壶的高手、名家、大师便相继走上了历史的舞台，各种紫砂壶精品不断传世，一个个关于紫砂壶的逸事也一代代流传不衰，为人们所津津乐道。

明朝正德、嘉靖年间有个叫供春（又称龚春）的人，他是宜兴进士吴颐山的书童，在陪同吴颐山到金沙寺读书期间，认识了金沙寺的一个僧人。这个僧人酷爱制壶，供春一有闲暇就去帮他的忙，并且也对制壶产生了兴趣。当时的寺里有棵高大的银杏树，盘根错节，树瘿多姿，供春仿照这棵银杏的树瘿捏制了一把壶，古朴可爱、生动异常，连金沙寺的僧人看到后都惊叹不已，在外界更是轰动一时。此后，供春便以制造紫砂茶具为业，他的作品温雅天然、风格多样，尤其受到文人的喜爱。

因为供春是跟僧人学做壶的，因此紫砂壶的制造年代应该早于供春。另据明代周高起《阳羡茗壶系》的《创始》篇记载，紫砂壶的首创者是明代宜兴金沙寺的一个僧侣。但这个僧侣是否就是供春的师傅，或者在此僧侣之前是否就已有紫砂壶的生产，这些都很难断定，可以断定的是供春是第一个以做紫砂壶闻名的人，因此他的树瘿壶被认为是世界上第一把紫砂壶，他本人也被奉为"紫砂壶之父"。

供春之后，又出现了时大彬、惠孟臣、陈明远、蒋蓉、韩美林、王志刚等很多制壶名家，他们创造了一个又一个紫砂壶的神话，让紫砂壶达到一种既凝厚又空灵，既稳重又带有灵气的境地，让茶人爱不释手，叹为观止。

造型漂亮的紫砂壶

紫砂的特点

良好的透气性

紫砂壶的透气性能好，用它泡茶不易变味，即便将茶汤放置两天，也芳香依旧。长期不使用，只需简单冲洗，便不会有任何异味。用紫砂壶沏茶，能发挥茶的真香真味。

独特的吸附性

紫砂壶良好的透气性也造就了它另一个独特的品质，那就是很强的吸附性。每次沏茶时它都会不断吸附茶香，时间长了，再用它泡茶更会徒增几分香气。因此，上品紫砂壶最好只冲泡同一种或同一类的茶，以免茶味混合，影响口感。

耐寒耐高温

紫砂壶的砂质传热缓慢，冷热稳定性好，即使直接放在火炉上烹烧加温，也不会胀裂。

越养越有灵性

很多用具都是越用越旧，紫砂壶却越用越好，它的壶身会因为经常擦拭而越发光润，色泽照人，气韵温雅。

丰富多彩的造型

紫砂壶的造型千姿百态，素有“方非一式，圆无一相”之说，传统意义上将紫砂壶分为几何造型、自然造型和筋纹造型三类。

几何造型俗称光货，主要有方形、球形、筒形等，一般圆形比较柔润，曲线线条优美，方形器则很有力度。

自然造型一般以自然界的动、植物为原型，行话叫花货。这类作品中有的是直接将壶的形状制造成各种物品的形状，比如南瓜壶、柿扁壶等；还有的是在壶身上雕刻上某种造型的壶，比如常青壶、报春壶。

筋纹造型就是筋囊货，这是将自然界中的花朵、果实，加以图案化、规则化，从而形成生动、流畅的筋纹。这类壶不仅形式优美，制作工艺也非常严谨，尤其是口盖部分，合缝十分严密，盖子要通转，壶体筋纹要疏密得体。

艺术收藏价值

紫砂壶既是泡茶用具，也是一种工艺品，往往因其精良的工艺制作而令人叹为观止。自古以来，文人雅客就极重视紫砂壶的收藏，一些出自名家之手、工艺高超的紫砂壶，甚至会引发“泥土与黄金等价”的现象。近年来，紫砂壶已成为越来越多的人的投资目标。

养出一把好壶

紫砂壶是有灵性的，要靠养，越养越有价值，越养越显润泽和韵味。一把原本灵性十足的紫砂壶如果使用不当或呵护不当，其价值会大打折扣。

新壶贵在开壶

新买的紫砂壶需要进行一番处理才能使用，这个过程就是开壶，开壶有两种方法。

一种方法：在茶壶内放半壶茶叶，用开水冲泡，盖上壶盖，放置一天。第二天倒掉茶汤，用壶内的湿茶叶擦拭壶体的内壁与外壁，以去掉新茶壶的泥土味。擦拭完后，再投入半壶茶叶，开水冲泡，浸泡一天。如此重复，一共做三次即可。

另一种方法：在茶壶内放置半壶茶叶，用开水冲泡，然后用皮筋把壶盖勒紧备用。用大火烧一锅水，水开后改为小火，将茶壶放入锅内慢慢煮。大约 2 小时后，取出茶壶，倒掉茶壶里的茶汤，用壶内的湿茶叶用力擦拭壶体的内壁与外壁，以去掉新壶的泥土味。擦拭完后，重新投入茶叶，用开水冲泡，然后放置一天。第二天倒掉茶汤，用壶内的湿茶叶用力擦拭壶体的内壁与外壁，然后用清水冲净即可。

另外，用紫砂壶倾倒茶水时，要用食指轻按壶盖，以免壶盖滑落。

用茶汤冲洗紫砂壶

养壶五要

养壶即养性也，有专家强调："一定要在品茶的过程中养壶，而不要在养壶的过程中品茶。"在养紫砂壶的过程中应注意以下几点。

一是保持清洁。在养壶的过程中，一定要保持壶身内外的清洁，无论新壶还是旧壶，养壶之前要把壶身上的蜡、油、污、茶垢等清除干净。尤其要注意的是，紫砂壶最忌油污，一旦沾上油必须马上清洗，否则土胎吸收油污后会留下痕迹。

二是以茶汤养壶。用紫砂壶冲泡茶叶时，要经常用废茶汤淋壶，这样一来，泡茶次数越多，壶吸收的茶汁就越多，土胎吸收到某一程度，就能使壶体发"黯然之光"，光润透亮。

三是适度擦刷和摩挲。在用开水沏茶时，趁壶体表面的温度较高，可用茶巾擦拭壶体；壶表淋到茶汁后，可用软毛小刷子轻刷；壶体温度降低后，可用手掌慢慢摩挲。在清洗茶具时，也可用壶中的茶渣在壶体周身润擦一遍，这些做法长期坚持下去都能使紫砂壶发出润泽如玉的光芒。

四是及时清理晾干。泡茶完毕，尤其是茶壶长期不用时，要及时将茶渣清除干净，用清水冲净晾干，以免发生霉变或产生异味。

五是让壶劳逸结合。紫砂壶勤泡一段时间后，不妨搁置几天，使土胎彻底干燥后再次使用能吸收更多的茶汁，壶表也才能更润泽。

选购紫砂壶

紫砂壶堪称壶中之最，几乎可以说是每个爱茶之人的理想用具。紫砂壶的质量也是参差不齐的，好的紫砂壶不仅堪称一件好的工艺品，价格更是不菲，相信在紫砂壶的选购上一定难倒了很多人，下面就说说选购紫砂壶应注意事项。

看材质

紫砂的泥料主要有紫泥、黄泥、灰泥、绿泥和红泥五种，用这五种泥料做的紫砂壶质量都上乘，其中以紫泥为最上品，所以称为紫砂陶。选购紫砂壶时，最好不要购买颜色过于鲜艳的，以免里面添加了某些化学元素。

看小配件

上品紫砂壶，要壶身端正，不歪不斜，壶嘴、壶纽、壶柄在一条直线上。此外，还要注意以下几个细节：壶盖与壶身的接触要紧密，能达到用手拈盖提起时，壶身不坠落；壶纽不论是圆形、环形还是竹节形等，都要拿取方便，十分顺手；壶嘴不论是“一弯嘴”“两弯嘴”还是“直嘴”“三弯嘴”，都要出水流畅，呈束状向外喷射，并且停水时水不会从壶嘴倒流在壶体上；壶柄拿着要舒服。

看手感

上等紫砂壶摸上去宛如摸豆沙，细而不腻，十分舒服。如果摸起来有沙粒的质感，则为次品。

试水

试水一方面可以看看壶嘴的出水状况，如上文所提到的，倾倒茶水时，水柱要正、畅，呈圆弧状才完美，停水时不会淌漏水滴。另一方面就是通过试水看看壶的紧密性，具体做法是将茶壶里注满水，然后将壶盖上的透气孔堵住，壶嘴朝下倒，如果水倒不出来，则说明壶盖的密封性很好，是好壶。

另外，在选购紫砂壶的时候，只要力求做到实用性与欣赏性兼具即可，不必刻意追求名家名壶。

精美紫砂器型赏鉴

品型	基本资料	紫砂美图
圆壶类	圆壶是紫砂茗壶中造型最富变化、最有情趣的壶类，以圆球体、半圆球体、锥形体为基本形，运用各种圆弧曲线、双曲线、抛物线等组合变化而成的几何体，向有“圆不一相”“珠圆玉润”之说。 圆壶多为素身，用极简单的线装饰壶肩、壶腰、壶盖，要求精致规范，权衡比例适度，以提高茗壶气韵。同时亦注重泥质变化，加砂丰富肌理效果，也有采用陶刻作以装饰，突出主题，注以文气，圆壶制作要求器型必须达到：圆、稳、匀、正，同时亦须注重实用效果。	
小水平壶类	“工夫茶”是我国广东、福建一带最常见的品茗方式，水平壶就是其主要茶具。其容量一般在 160 毫升以下，以光素品朱泥壶居多，色泽殷红象征吉祥。喝工夫茶时，壶内要放很多茶叶，由于壶的容量小，不能使茶汤顺利溶出，必须要把茶壶放在海碗里，用汤水淋浇壶身，茶壶能水平地浸泡在热水中，故名“水平壶”。与水平壶配套杯、碟、盘组合成茶具，常见有一壶四杯一盘为六件套，一壶两杯两碟为五件套，一壶四杯四碟为九件套等。要求壶、杯、盘、碟形制和色泽统一。配套茶具，形式多样，构思奇特巧妙。	
方壶类	“方非一式”这是方壶的基本款式。以方为基本形，分正方、六方、八方、长方等多种方形体。方壶讲究“方中寓圆”，善于运用各种长短直线、曲线组合叠起，制作工艺要求线面挺括，有棱有角，轮廓分明，口盖平整，吻合严密，比例适度，嘴、柄均势统一，且可随意更换壶盖方向，整器端庄秀雅，具阳刚之气。	

品型	基本资料	紫砂美图
筋纹器类	“经线纹理”构成筋纹器紫砂壶造型。通常筋纹器壶依据大自然中的瓜果、植物花形提炼加工而成，运动几何形等比例分割和重合变化，如瓜棱、菊瓣、水仙瓣等。筋纹凹凸有致，规范整齐，其制作难度较高，要求纹饰通体从纽项至底心贯气如一，整齐、秀美、明快并富有节奏感。筋纹常见有三、六、八、九、十二、十八、三十六瓣之分。可纵横变化分割，亦可做回旋处理，其口盖须能互相置换，平整合缝，且壶内、盖内与壶外筋纹一致。	
花塑器类	“肖形状物”构成紫砂茗壶的又一款式，紫砂行话称之为“花货”，亦称“像生器”。其主要特点是模拟自然界植物、生物等形态，运动圆雕、浮雕、浅浮雕造型并制壶。 写生仿真，以捏塑、雕刻、涂绘多种工艺手法进行加工提炼，同时，壶流、把、纽也应融于一体。花塑器茗壶有单一泥色的塑器，亦有巧色涂绘的像生塑器，将整个造型处理得生动优美、形神兼备，极具生活情趣的艺术效果。	
大壶类	“从瓦炊、青铜壶提梁”借鉴而来的大壶一般称之为“提梁壶”，是一种容量颇大的壶式，分素式和花式、硬提梁和软提梁等种类。 “硬提”是在制作中与壶身一起完成，又分单式提梁、三叉提梁和纹式提梁。 “软提”则是在壶体肩上附一对圆孔装置，烧成后再用金属丝及藤结做提梁。使用时将提梁扶起，不用时横卧于壶肩。提梁壶壶嘴一般稍高于壶口 2 厘米，利于倾注冲水。	

树瘿壶

树瘿壶是由明代制壶大师，也是紫砂壶的创始人供春所制作。供春，又称供龚春、龚春，明正德嘉靖年间人，原为宜兴进士吴颐山的家僮。当时供春伺候主人吴颐山住在金沙寺里，见一老僧善制茶壶，技艺很高，就私下跟老僧学艺，并且进行了自己的改造，把原来实用性为主的壶制作得更有文化气息。当时文人们对于奇石有种独特的审美，他们认为“丑极”就是“美极”，如果一块石头达到了“瘦、漏、透、皱”的程度，这就是一块美石。当时供春仿照金沙寺旁大银杏树的树瘿，也就是树瘤的形状做了一把壶，并刻上树瘿上的花纹，烧成之后，这把壶非常古朴可爱，很合文人的意，于是这种仿照自然形态的紫砂壶一下子出了名，人们都叫它“供春壶”。由于身份原因，供春结交的都是一些读书人，文人爱喝茶，大家在一起谈论文学时品茶聊天，所以供春壶在文人中一下传播开了。

树瘿壶现藏于中国历史博物馆，其造型古朴，指螺纹隐现，把内及壶身有篆书“供春”二字。此壶原为吴大澄所藏，于 20 世纪 30 年代被储南强先生在苏州一个古玩摊上购得，但缺盖，经民国制壶名家黄玉磷配上瓜纽盖，后经当代书法大师黄宾虹先生鉴定，觉得在树罂的壶身上不会长出瓜纽，后又由近代制壶名家裴石民配灵芝盖。新中国成立后，献给国家收藏。

树瘿壶（清仿品）

玉兰花壶

玉兰花壶高 8 厘米，直径为 12.1 厘米，是时大彬的代表作。此壶是自然形的代表作，整把壶呈一朵倒扣的玉兰花形，色呈紫红，砂质较细，等分的花瓣和花蒂分别构成壶身和壶底。此壶是紫砂筋纹器造型中优秀的传统经典之作，历来为后代紫砂艺人仿造，成为楷模。

古代玉兰花壶

方包壶

古代方包壶

方包壶高 6.9 厘米，宽 7.7 厘米，是明代制壶大师时大彬的代表作之一，现藏于香港茶具文物馆。此壶泥色呈紫红，砂质温润细腻。壶体呈长方形，塑作印包形式，包袱纹以线条勾勒，上部渐敛略有弧度。以袱结为纽，盖左右交替与壶身褶纹互接相通，口盖紧密、吻合。壶底刻有“墨林堂大彬”五字楷书款。“墨林堂”乃明代收藏家项子京（元汴）的斋名，并非时大彬的作坊雅号。看来，此壶是大彬专为藏家制作的，故底款既有藏家斋号，又有作者的名款。

细看这件印包方壶，虽用陶土制作，却有布包扎的质感，褶裥规整匀净，卷曲自然，巧以布结作截盖，增添了几分飘动灵巧的美感，也充分体现了紫砂的材质，便于制作多种造型的茗壶，达到题材所需的表现力。

扁壶

扁壶是明代制壶大师时大彬的代表作，这个高仅 6.3 厘米，直径 14.1 厘米的扁形壶现藏于上海博物馆。壶呈深紫色，调砂泥，制作严谨，胎壁极薄。精致流畅，一丝不苟，造型奇巧。微曲的短嘴与环形的把手处理得和谐恰当。题款为“源远堂”。这把壶胎壁极薄，造型和谐，线条流畅，很见功力。

古代扁壶

时大彬乌钢砂壶

乌钢砂壶

乌钢砂壶高5厘米，宽14厘米，为明代制壶大师时大彬的代表作之一。此壶刻意压扁盘状壶身，带圈耳把，管状短流，符合制壶圈内流行的“砂壶宜矮不宜高，宜圆不宜方”的“道器并用”原则。

该壶底款“时大彬制”四字笔笔坚实，刀刀挺健，颇似初唐大家褚遂良《孟法师碑》结体，不愧为名家刀笔。

束柴三友壶

束柴三友壶高4.5厘米，宽9厘米，是清代制壶大师陈鸣远的代表作。所谓“束柴三友”，乃集松、竹、梅三干而成，亦称“岁寒三友”，意指寒冬腊月，独近自然之精神。壶身仿似松、竹、梅三树段束于一体，松段的松鳞、松针，梅段的杆枝、花卉，以及竹段的竹节、竹叶，都刻画仔细，自然夹置，于繁复中见规整、条理。壶柄状若虬屈的松枝，壶流有如横生的梅枝，盖纽又巧塑成一段竹节，更为绝妙的是，在树干小洞中，还塑有两只小松鼠。全器浑然天成，成为绝妙名壶。

古代束柴三友壶

八卦龙头一捆竹仿品

八卦龙头一捆竹

此壶高8.5厘米，口径9.6厘米，是清代制壶名家邵大亨所创壶式，南京博物院藏有一件邵大亨所制紫砂龙头八卦一捆竹壶，其胎泥材质细腻，呈紫褐色，紫润可爱。

八卦龙头一捆竹以壶体结构和纹样对八卦学说进行诠释，极富中国传统文化的意味，由于此壶在历史上很有名，邵大亨逝世以后，紫砂龙头一竹捆也因仿制者很多，成为一种传统壶式，但许多仿者并不是“复制”式的仿，而是把它看成是一种表现形式，以此壶式为基础，进行了再创造。

鱼化龙壶仿品

鱼化龙壶

此壶高10厘米，口径7.5厘米，为清代制壶名家邵大亨所制。现为南京收藏家王一羽藏品。鱼化龙壶通身作海水波浪云纹，线条流利，简洁明快。壶身一侧浮雕鲤鱼在海浪中吐珠，另一侧海浪中伸出一颗宝珠，神韵生动。壶盖上也是一片海浪，壶纽里安装的龙首是立体的，龙舌都能活动，伸缩自如，妙造天然。配以龙尾执柄，浑然一体，格律谨严。鱼化龙造型由邵大亨初创，巧思出众，格调高雅。此壶为国内孤品。

紫砂黑漆描金吉庆有余壶

这把宫廷紫砂壶高10.4厘米，口径8.1厘米，足径7.8厘米，壶身绘有双鱼、灵芝、蝙蝠等图案，寓意“吉庆有余”，壶底有“大清乾隆年制”六字金彩篆书章款，身世非常“显赫”，制作此壶的紫砂胎河彩漆描金工艺始于雍正时期，乾隆时期完全成熟，但是在嘉庆和道光后便失传。

宜兴窑紫砂黑漆描金吉庆有余壶

绿茶

荡漾着春的味道

绿茶是所有茶类中形状最多的种类，不同的绿茶品种其外形也不同，主要有扁形茶（龙井、千岛玉叶）、曲螺形茶（碧螺春）、兰花形茶（太平猴魁）、针形茶（南京雨花茶）、片形茶（六安瓜片）等。

绿茶资讯站

绿茶是我们祖先最早发现和饮用的茶，也是我国产量最多、饮用最广的茶类，被誉为“国饮”。在各类茶中，绿茶的名品最多，如西湖龙井、碧螺春、黄山毛峰等。绿茶具有内敛的特性，冲泡后水色清冽，香气馥郁清幽，能给人一片青翠和静谧的享受，十分适合浅啜细品。与此同时，绿茶也拥有其他茶类所不及的显著医疗保健效果。

产地

浙江、安徽、四川、江苏、江西、湖南、湖北等地是绿茶的主要产区。

分类

绿茶按照加工工艺可分为炒青绿茶、烘青绿茶、晒青绿茶、蒸青绿茶四类。

炒青绿茶

是一种经锅炒杀青、干燥的绿茶，具有“外形秀丽，香高味浓”的特点，主要品种有：

长炒青：眉茶。

圆炒青：珠茶。

细嫩炒青：龙井、碧螺春等。

烘青绿茶

是用炭火或烘干机烘干的绿茶，其品质特征是茶叶的芽叶较完整，外形较松散，主要品种有：

普通烘青：闽烘青、浙烘青等。

细嫩烘青：黄山毛峰、太平猴魁、高桥银峰等。

晒青绿茶

是利用太阳直接晒干的绿茶，这是一种最古老的晒干茶叶的方式，最明显的特征是有日晒“太阳”的味道。主要在我国的云南、陕西、四川等地有生产。主要品种为：滇青、川青、陕青。

蒸青绿茶

是采用热蒸汽杀青而制成的绿茶，有叶绿、汤绿、叶底绿的“三绿”品质。主要品种有：煎茶、玉露、碾茶等。

绿茶为何那么绿

绿茶是不发酵茶，没有经过任何发酵程序，所以很好地保存了新鲜茶叶中的天然物质，其中保留了鲜叶中的茶多酚、咖啡碱85%以上，保留叶绿素50%左右，维生素损失也较少，从而形成了绿茶“清汤绿叶，滋味收敛性强”的特点。此外，杀青是影响绿茶品质的关键工序，它是用高温破坏鲜叶中氧化酶的活性，抑制鲜叶中的茶多酚等酶的促氧化，保证了绿茶冲泡后叶绿汤绿的特色。

功效

1. 富含茶氨酸、儿茶素，能延缓衰老，清除体内自由基。

2. 茶多酚及其氧化产物具有吸收放射性有害物质锶 90 和钴 60 毒害的能力，有助于抑制心血管疾病。

3. 能预防和治疗辐射伤害。

4. 茶叶中的咖啡碱，能增强大脑皮层的兴奋过程，有醒脑提神的作用。

慧眼识茶

形状

绿茶是所有茶类中形状最多的种类，不同的绿茶品种其外形也不同，主要有扁形茶（龙井、千岛玉叶）、曲螺形茶（碧螺春）、兰花形茶（太平猴魁）、针形茶（南京雨花茶）、片形茶（六安瓜片）等。

汤色

汤色以浅绿色、浅黄色且清澈明亮为佳，如果发黄、过深、过暗、混浊则不佳。

叶底

绿茶叶底以鲜绿、嫩绿、浅黄绿为主，色泽明亮、均匀，叶子大小均匀为佳。

香气

绿茶的品种不同香气不同，但总体来说香气自然芬芳、淡雅悠长，有清香型、嫩香型、花香型等。

滋味

绿茶的滋味以鲜爽、醇厚、回味甘甜为佳；若苦涩、清淡、回味差则为次品。

绿茶名品

太平猴魁、六安瓜片、信阳毛尖、蒙顶甘露、庐山云雾、黄山毛峰、安吉白茶、婺源绿茶、径山茶等。

冲泡技巧

投茶方法

上投法、中投法、下投法。

水温

高档名优绿茶是采摘细嫩鲜叶制作而成，一般用 80℃左右开水冲泡才能不破坏茶的性质。普通绿茶因采摘的茶叶老嫩适中，水温可略高，一般用 85℃左右的开水冲泡即可。居家泡饮绿茶，饮水机热水的水温就适合。

投茶量

茶与水的比例一般为 1 : 50 ，也可根据茶叶的老嫩、滋味的浓淡程度以及个人喜好适当增减。

适用茶具

玻璃杯（壶）、盖碗、瓷壶（杯）。常规待客冲泡绿茶选用厚底玻璃杯，既方便又礼貌。

名品绿茶鉴赏

西湖龙井

——从来佳茗似佳人

产　　地：浙江省杭州市西湖的狮峰、龙井、五云山、虎跑山、梅家坞一带

知 名 度：★★★★★

“从来佳茗似佳人”，苏东坡的这一句诗，让西湖龙井的“中国第一名茶”的地位就此确定下来。龙井茶的历史非常悠久，始于唐代，得名于宋代，闻名于元代，发扬于明代，到清代就更加兴盛了。西湖龙井以“色绿、香郁、味甘、形美”四绝著称于世，以前主要产于西湖边上的狮峰、龙井、五云山、虎跑山一带，其中以狮峰的龙井品质最好，现在梅家坞的产量和品质也提升上来，因此，现在的龙井分为“狮、龙、云、虎、梅”五个产区。杭州的秀美，龙井的清香，再加上虎跑泉的灵动，造就了充满灵性的龙井茶，也造就了杭州独特的茶文化。

采茶时间

龙井茶采摘向来以早为贵，通常以清明前采制的龙井茶品质最佳，称“明前茶”；谷雨前采制的品质次之，称“雨前茶”。

采摘标准

一芽一叶、一芽两叶初展及幼嫩对夹叶。

工艺特点

西湖龙井在制作的过程中，有一个回潮程序，筛去茶末，簸去碎片。而且炒制手法相当复杂，依据不同鲜叶原料及不同炒制阶段分别采取“抖、搭、捺、拓、甩、扣、挺、抓、压、磨”等十大手法。因此但凡看过炒制西湖龙井全过程的人，都会认为西湖龙井确实是精工细作的手工艺术品。

形状：外形扁平光滑，形状有如“碗钉”。

色泽：色泽以嫩绿为优，嫩黄色为中，暗褐色为下。

茶汤：高档龙井的汤色显嫩绿、嫩黄的占大多数，中低档龙井和失风受潮茶汤色偏黄褐色。

口感：滋味鲜醇甘爽，沁人心脾，饮之齿间留芳，回味无穷。

闻香：优雅清高，隐有炒豆香或兰花豆香。

叶底：嫩绿明亮，匀齐，芽芽直立，细嫩成朵。

洞庭碧螺春

——吓煞人香

产　　地：江苏省苏州市吴县太湖洞庭山

知 名 度：★★★★★

洞庭碧螺春主要产于江苏省苏州市吴县太湖的洞庭山，是我国名茶的珍品，中国十大名茶之一，以形美、色艳、香浓、味醇“四绝”闻名中外，其外形条索纤细，茸毛遍布，白毫隐翠。洞庭碧螺春产区是我国著名的茶、果间作区。茶树和桃、李、杏、梅、柿、橘、白果、石榴等果木交错种植，茶树、果树枝丫相连，根脉相通，茶吸果香，花窨茶味，陶冶出了碧螺春花香果味的天然品质。

采茶时间

每年春分前后开始采摘，谷雨前后结束。

采摘标准

一芽一叶初展，芽长1.6~2厘米的原料。

工艺特点

搓团显毫是洞庭碧螺春形成形状卷曲似螺、茸毫满披特点的关键过程。过程是边炒边用双手用力地将全部茶叶揉搓成数个小团，不时抖散，反复多次，一直搓到条形卷曲，茸毫显露为止。碧螺春制作过程是手不离茶，茶不离锅，揉中带炒，炒中有揉，炒揉结合，连续操作，起锅即成。

形状：条索纤细、卷曲成螺、边沿上覆一层均匀的细白绒毛。

色泽：色泽银绿隐翠，毫毛毕露，茶芽幼嫩、完整，无叶柄、无“裤子脚”、无黄叶和老片。

茶汤：汤色碧绿清澈。

口感：洞庭碧螺春的头道茶色淡、幽香、鲜雅；二道茶翠绿、芬芳、味醇；三道茶碧清、香郁、回甘。

闻香：香气清高浓郁，上好的碧螺春有特殊的花朵香味，次些的只有沃土气和青叶气。

叶底：嫩绿明亮。

太平猴魁

——不散不翘不卷边

产　　地：安徽省黄山市黄山区猴坑一带
知 名 度：★★★★★

太平猴魁产于安徽省黄山市黄山区，创制于1900年，曾在非官方的评选中被列为“十大名茶”之一。其产地山高林密，云雾缭绕，而且土质十分肥沃，十分适合茶树生长，所以这里的茶别具一格。正宗的太平猴魁仅产于黄山市新明乡的猴坑一带，而且产量不多，其他区域所产的称为魁尖，虽然制法与猴魁相同，外形也十分相似，但品质却相差很远。太平猴魁是魁尖茶中的极品，声名远播。

采茶时间

谷雨前开始采摘，立夏前停采。

采摘标准

一芽三叶初展，折下一芽带二叶的“尖头”。

工艺特点

太平猴魁初烘时一口杀青锅配四只烘笼，火温依次为100℃、90℃、80℃、70℃。杀青叶摊在烘顶上后，要轻轻拍打烘顶，使叶子摊匀平伏；适当失水后翻到第二烘，先将芽叶摊匀，最后用手轻轻按压茶叶，使叶片平伏抱芽，外形挺直，需边烘边捺；第三烘温度略降，仍要边烘边捺；第四烘就不能捺了。

形状：外形两叶抱芽，扁平挺直，自然舒展，白毫隐伏，有“猴魁两头尖，不散不翘不卷边”之称。
色泽：叶色苍绿匀润，叶脉绿中隐红，俗称“红丝线”。

茶汤：汤色清绿明澈。
口感：太平猴魁口感清香，细品有一种貌似兰花的香味；其头泡香高，二泡味浓，三泡四泡幽香犹存，滋味不减。

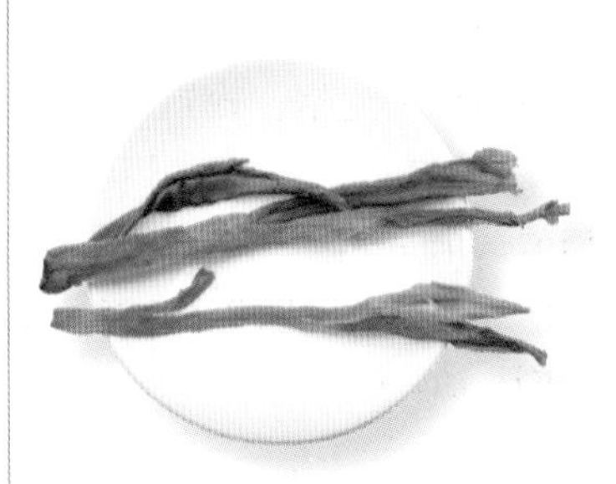

闻香：香气鲜灵高爽，有持久兰花香。
叶底：嫩匀肥壮，成朵，嫩黄绿鲜亮。

六安瓜片
——去梗去芽的片茶

产　　地：安徽省六安市
知 名 度：★★★★★

六安瓜片又称片茶，为绿茶特种茶类，是国家级历史名茶，它是绿茶中唯一去梗去芽的片茶。六安瓜片产于大别山区，那里山高林密，云雾弥漫，气候温和，生态环境极佳，自古以来就出产好茶，而六安瓜片就是其优秀代表。六安瓜片在鲜叶采回后及时扳片，将嫩叶（未开面）、老叶（已开面）分离出来炒制瓜片，芽、茎梗和粗老叶炒制“针把子”，作副产品处理。正因为其独特品质和优秀工艺，六安瓜片在1915年和1942年的万国博览会上均获金奖。

采茶时间

谷雨前采摘的品质最好，称为“提片”；其后采制的称“瓜片”，产量最大；而进入梅雨季节采摘的品质则较差，称“梅片”。

采摘标准

一芽二叶、一芽三叶或对夹二三叶。

工艺特点

六安瓜片的采摘、扳片、炒制、烘焙技术在我国绿茶中是独一无二的。工艺主要分为生锅、熟锅、毛火、小火、老火5个工序。炒制工具是原始生锅、芒花帚和栗炭，拉火翻烘，人工翻炒，前后达81次，茶叶单片不带梗芽，色泽宝绿，起润有霜，从而形成汤色澄明绿亮、香气清高、回味悠长等特有品质。

形状：似瓜子形的单片，自然平展，大小匀整，不含芽尖、茶梗，叶缘背卷。

色泽：色泽宝绿，富有白霜的品质好，发黄、发暗的品质差。

茶汤：清澈透亮，黄绿明亮的为上品，橙黄品质欠佳。

口感：香气清高，鲜爽醇厚，回甘带有栗香味。瓜片不耐泡，味道比较清淡，等级越好，茶味越淡。

闻香：清香高爽的为好茶，有栗香味的次之。

叶底：绿嫩、明亮、厚实。

黄山毛峰

——鱼叶金黄，色如象牙

产　　地：安徽省黄山市
知 名 度：★★★★★

黄山毛峰是中国十大名茶之一，绿茶中的珍品，于1875年为安徽著名商人谢正安所创。该茶外形微卷，状似雀舌，绿中泛黄，银毫显露，而其中“金黄片”和“象牙色”是特级黄山毛峰外形与其他毛峰不同的两大明显特征。黄山茶是历史名茶，始于公元1056年的宋嘉祐年间，当时黄山的僧人知道饮茶后打坐不易打盹，在寺院后边的菜园里栽下了几棵小茶树。由于黄山气候湿润多雾，茶树都躲在云雾中，僧人便给这些小树起名，叫做“黄山云雾”。如今，这些茶树已经遍布黄山。

形状：外形似雀舌，匀齐壮实。
色泽：色如象牙，茶叶金黄，锋显毫露。

采茶时间

清明至谷雨前后采摘。

采摘标准

一芽一叶初展、一芽一叶、一芽二叶初展。

工艺特点

黄山毛峰的杀青要求翻得快，扬得高，撒得开，捞得净，要炒到叶色转暗时出锅；而初烘时每个杀青锅配四只烘笼，出锅茶坯先在开头火温较高的烘笼上烘焙，待又有茶叶出锅时，将前茶坯移至第二个烘笼上来，以后逐次类推，流水操作。而且特、一级的黄山毛峰是不经揉捻的，二级以下用手揉捻。

茶汤：高档茶色泽嫩黄绿带金黄，低档茶色泽呈青绿或深绿色。
口感：滋味鲜浓，醇和高雅，回味甘甜，饮后白兰香味长时间环绕齿间，丝丝甜味持久不退。

闻香：高档茶清香带花香，而低档茶无花香。
叶底：嫩黄肥壮，匀亮成朵。

茶道必知的礼仪

客来敬茶自古就是我国的待客之道，一杯香茗，既体现了对客人的敬意，又体现了以茶会友的心情。在悉心为客人泡茶，或到友人家里品茶时，举止得当，才会不失礼仪，也才能尽显你的优雅和品位。

泡茶前的礼仪

手：泡茶前一定要把手洗干净，不可有香皂味，洗过手后不要摸脸或其他物体，以免沾上化妆品的味道或其他异味，影响茶味。另外，泡茶时尽量不要佩戴那些容易将茶具碰倒的首饰。

头发：泡茶时头发最好梳紧，不要散落到前面，因为不自觉地用手去梳拢头发或者长发挨着茶具或操作台上，会使客人感觉很不卫生。

妆容与服饰：无论是泡茶还是做客饮茶，妆容都应以淡雅为原则，避免使用气味太重的香水或化妆品，以免影响茶味和饮茶的意境。服饰则尽量不要穿宽袖口的衣服，容易碰倒茶具，胸前的领带、饰物也要用夹子固定，免得泡茶、端茶时接触茶具。

另外，在感冒、咳嗽或手部患有皮肤病等情况下，不宜泡茶待客。

泡茶时的礼仪

泡茶时，泡茶者的身体要坐正，腰身挺直，以保持美丽、优雅的姿势。两臂与肩膀不要因为持壶、倒茶、冲水而不自觉地抬得太高，甚至身体都歪到一边。

泡茶的过程中，尽量不要说话。因为口气会影响到茶气，影响茶性的挥发。

泡茶的过程中，泡茶者的手不可以碰到茶叶、壶嘴等物件。

品茶时的礼仪

品茶讲究三品，就是用盖碗或瓷碗品茶时，要三口品完，切忌一口饮完。

品茶过程中如果用到小勺，使用后的小勺要放在杯子的相反一侧。

品茶时宜用右手端杯子喝，切忌用两手端茶杯，那表示茶不够热。

给客人斟茶时，不要等客人喝到快露杯底时再添茶，而要勤斟少加，且只斟七分满，留下的三分是情谊。

端茶给客人，切忌用手抓提杯边缘或握住杯身，正确做法是恭恭敬敬地用左手托住杯底，最好下垫托盘，右手拇指、食指和中指扶住杯身。

请客人喝茶时，不要把泡好的茶递到客人的手中，只需放在客人面前的桌子上，靠近客人的地方就可以了。

茶艺直播间

上投法：洞庭碧螺春

冲泡要点	
用　　量：	2克/人
水　　温：	80℃
茶 水 比：	1 ： 50
投茶方法：	上投法
适用茶具：	玻璃杯

冲泡绿茶时，首选玻璃杯，而茶叶的投放方法有三种：上投法，中投法和下投法。上投法适合最鲜嫩的绿茶，如碧螺春；中投法比较适合松散的茶叶，如黄山毛峰、西湖龙井；而下投法则适合条索紧结的绿茶，如太平猴魁。

1 准备茶具
同时将水烧沸，待水温降至80℃时备用。

2-1

2-2

2-3

2 取茶
从茶叶罐中取适量碧螺春放到茶荷里。

3-1

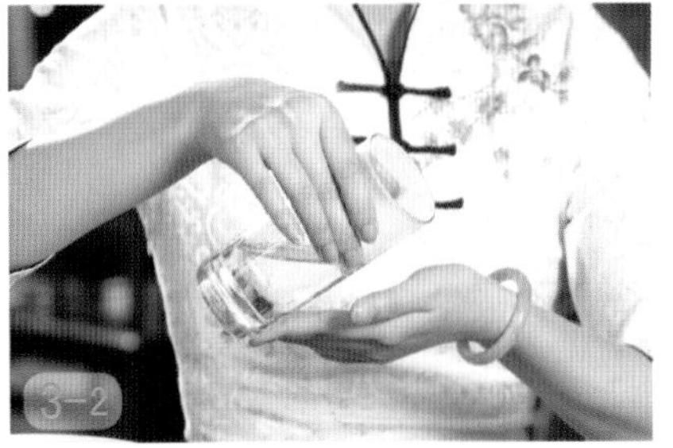

3-2

3 温杯
在杯中注入少量沸水，双手拿杯底，慢转杯身，使杯子的温度上下一致。

4 **倒水**
将洗过杯子的水倒入水盂里。

5 **冲水**
水冲入杯中至七分满。

6 **投茶**
用茶匙将茶叶轻轻拨入玻璃杯中。

7 **品饮**
当茶叶落入水中舒展以后，轻闻茶香后就可以品饮了。

第二泡

洞庭碧螺春可泡三泡，第一泡留1/3的茶汤，再将水慢慢注入杯中至七分满。此时的茶汤会浓郁起来，色泽会更绿，汤浓色重，口感也会变得醇厚。

第三泡

方法跟第二泡一样，不过茶汤的滋味已经变得清淡了。

中投法：西湖龙井

冲泡要点

- **用　　量：** 2克/人
- **水　　温：** 80~85℃
- **茶 水 比：** 1 ： 50
- **投茶方法：** 中投法
- **适用茶具：** 玻璃杯

第二泡

当茶汤饮到还剩1/3时，用85℃的水直冲，续第二泡茶，茶汤依旧倒七分满。待茶汤色泽浓郁、滋味醇厚之后，继续品饮。第二泡茶香最浓，滋味最佳，要充分体验甘泽润喉、齿颊留香、回味无穷的感觉。

1 准备茶具
同时将水烧沸，待水温降至80 ~ 85℃的时候备用。

2 温杯
用热水淋洗茶杯，既清洁茶具又提高茶杯的温度。

3 赏茶
在投茶之前，可先欣赏一下西湖龙井的干茶样。

4 冲水
冲泡西湖龙井采用中投法，将热水倒入杯中约茶杯的四分之一处。

5 投茶
用茶匙把茶荷中的茶拨入茶杯中，茶与水的比例约为 1 ： 50。

6 温润泡
轻轻动摇杯身，促使茶汤颜色均匀，加速茶与水的充分融合。

7 冲泡
凤凰三颔首。执壶冲水，似高山涌泉，飞流直下。茶叶在杯中上下翻动，促使茶汤均匀，同时，也蕴含着三鞠躬的礼仪。

8 赏茶汤
西湖龙井汤色清澈通亮，让人赏心悦目。

9 闻香
轻轻推动杯身，茶香慢慢飘来，仔细品味。

10 品茶
细细品味西湖龙井的滋味，回味其甘甜的口感。

下投法：太平猴魁

冲泡要点

用　　量：2克/人
水　　温：85℃
茶 水 比：1 ∶ 50
投茶方法：下投法
适用茶具：玻璃杯，青瓷茶具

1 准备茶具
准备茶具和适量茶叶以及 85℃左右的开水。

2 温杯
向杯中注入少量开水，慢慢旋转杯身，温遍杯内壁，然后将水倒掉。

3 投茶
将太平猴魁用茶夹夹入玻璃杯中。

4 润茶

先向杯中注入少量水浸润茶叶。

5 正泡

向杯中注入七分水。

6 欣赏、品饮

太平猴魁叶片修长，完全伸展开后十分漂亮，观赏片刻后即可饮用。

第4章 红茶

香高色艳独树一帜

如果一个外国朋友对你说“Black Tea”，千万不要以为他说的是黑茶，其实他说的是红茶，之所以有这种中外称呼上的差异，据说是因为西方人相对注重茶叶的颜色，而中国人相对注重茶汤的颜色。红茶性暖，有助消化，能抗癌、抗心血管疾病，喝陈年红茶还可以治疗哮喘病。饮一杯红茶，养生、养心两不误。

红茶资讯站

红茶是我国最大的出口茶，因具有红茶、红汤、红叶和香甜味醇的独特特点而得名，但是因为红茶在最初创制时被称为“乌茶”，所以至今在英语中仍称其为“Black Tea”，而非“Red Tea”。

产地

主要产于福建武夷山一带。

分类

红茶根据制作工艺的不同分为以下三种：

● **小种红茶**

小种红茶是全世界红茶的始祖，发源于今福建武夷山茶区，自出现之日起就已蜚声中外。主要包括正山小种和烟小种，尤以前者备受青睐。

● **工夫红茶**

工夫红茶是在小种红茶出现之后才有的品种，它是中国独特的传统茶叶，因制作过程十分精细，颇费工夫而得名。其中尤以滇红工夫和祁门工夫最为出名。

● **红碎茶**

红碎茶就是机器制作出来的红茶，有叶茶、片茶、末茶、碎茶四种花色规格，其在制作过程中发酵程度较轻，茶叶中保留了较多的多酚类物质，滋味浓厚鲜爽。红碎茶尤受国外饮者的喜欢，因为它比较适合加入牛奶、糖、蜂蜜、果汁等来调饮。

世界四大红茶

祁门红茶、阿萨姆红茶、大吉岭红茶和锡兰高地红茶是世界四大红茶。其中，除祁门红茶产于中国安徽以外，其他三种均来自印度等地。阿萨姆红茶，产于印度东北部；大吉岭红茶，产于印度西孟加拉省北部一带；锡兰高地红茶是斯里兰卡所产红茶的统称，尤以乌沃茶最著名。

功效

1. 红茶中的咖啡碱和芳香物质，能增加尿量，帮助排出体内的乳酸、尿酸、盐分等，对预防痛风、高血压以及缓和心脏病或肾炎造成的水肿等有特效。

2. 红茶中的多酚类化合物具有消炎杀菌的效果，细菌性痢疾及食物中毒者喝红茶颇有益，民间甚至常用泡后的茶叶为伤口消炎。

3. 红茶中的茶多碱能吸附人体内的重金属，帮助身体排毒。

4. 红茶富含多酚类、糖类、氨基酸等物质，能刺激唾液分泌，生津清热。

5. 红茶中的咖啡碱能够刺激大脑皮质、兴奋神经中枢，具有提神消疲的作用。

慧眼识茶

小种红茶

- 外形条索肥实。
- 色泽乌润，泡后汤色红浓。
- 香气高长，带松烟香。
- 滋味醇厚，带有桂圆汤味。
- 叶底厚实光滑，呈古铜色。

工夫红茶

- 条索紧细、匀齐。
- 色泽乌润，富有光泽。
- 香气馥郁。
- 汤色红艳，尤以在品茗杯内边缘形成金黄圈的为优，汤色欠明的为次，汤色深浊的为劣。
- 滋味以醇厚的为优、苦涩的为次、粗淡的为劣。
- 叶底明亮。

红碎茶

- 外形匀齐一致。碎茶颗粒卷紧，叶茶条索紧直，片茶皱褶而厚实，末茶呈砂粒状，体质重实。
- 色泽乌润或带褐红色。
- 高档的红碎茶香气很高，具有果香、花香和类似茉莉花的甜香。
- 汤色以红艳明亮为上，暗浊为下。
- 叶底的色泽以红艳明亮、柔软匀整为上，暗杂、粗硬者为下。

红茶名品

祁门红茶、正山小种、金骏眉、滇红茶、红碎茶等。

冲泡技巧

水温

90℃左右的沸水。

投茶量

茶与水的比例一般为 1 ：50，也可根据茶叶的老嫩、滋味的浓淡程度以及品饮者的个人喜好适当增减。

适用茶具

紫砂壶、瓷壶等。

饮用方法

清饮、调饮。

名品红茶鉴赏

祁门红茶

——红茶皇后

产　　地：安徽省黄山市祁门县

知 名 度：★★★★★

祁门红茶是著名的红茶精品，简称祁红，是中国著名的历史名茶，在国际市场上与印度大吉岭红茶、斯里兰卡的乌沃红茶，并称为世界三大高香茶。祁门红茶是红茶中的极品，其以外形苗秀，色有“宝光”和香气浓郁而著称，在国内外享有盛誉。它还是英国女王和王室的至爱饮品，被称为“群芳最”“红茶皇后”。祁门红茶作为红茶中的佼佼者，以“香高、味醇、形美、色艳”四绝驰名于世，位居世界三大高香名茶之首。

形状：条索紧细苗秀。

色泽：色泽乌润、金毫显露。

采茶时间

春、夏两季采摘。

采摘标准

一芽一叶、一芽二叶。

茶汤：汤色红艳明亮。

口感：口感鲜醇酣厚，即便与牛奶和糖调饮，其香不仅不减，反而更加馥郁。

工艺特点

祁门红茶分初制和精制两大过程，初制包括萎凋、揉捻、发酵、烘干等工序。精制则将长短粗细、轻重曲直不一的毛茶，经筛分、整形、审评提选、分级归堆，同时为提高干度，保持品质，便于贮藏和进一步发挥茶香，再行复火，拼配，成为形质兼优的成品茶。

闻香：香气清香持久，以似花、似果、似蜜的“祁门香”而闻名于世。

叶底：鲜红明亮。

金骏眉
——新锐红茶

产　　地：福建省武夷山市
知 名 度：★★★★

金骏眉产于福建省武夷山，创制时间是 2005 年，是武夷山正山小种茶的顶级品种，该茶茶青为野生茶芽尖，摘于海拔 1200~1800 米高的武夷山中的国家级自然保护区内的原生态野茶树，用 6 万 ~8 万颗芽尖方制成 500 克金骏眉，结合正山小种传统工艺，由师傅全程手工制作而成，是可遇不可求的茶中珍品。

采茶时间

清明前至谷雨间采摘。

采摘标准

单芽。

工艺特点

金骏眉以正山小叶茶为原料，但它并没有采用正山小种茶松烟加温萎凋和松烟熏制干燥的特殊工艺，而是采用室内萎凋方法和传统手工炭笼干燥工艺。

形状：外形绒毛少、条索紧细、重实。

色泽：金、黄、黑相间，色润。

茶汤：汤色金黄、浓郁、清澈、有金圈。

口感：滋味鲜活甘爽，喉韵悠长，沁人心脾，仿佛使人置身于原始森林之中。连泡 12 次，口感仍然饱满甘甜。

闻香：复合型花果香、蜜香、高山韵香明显，持续悠远。

叶底：芽尖鲜活，秀挺亮丽。

正山小种

——红茶鼻祖

产　　地：福建省武夷山市

知 名 度：★★★★★

正山小种产地在福建省武夷山市。正山小种红茶，是世界红茶的鼻祖。据传明末清初时局动乱，有一支军队占据茶厂，待制的茶叶无法及时烘干，茶农为挽回损失，采取松木加温烘干，形成特有的一股浓醇的松香味，并有桂圆干香味，口感极好，从而得到消费者的喜爱，正山小种红茶就此产生，后来在正山小种的基础上发展了工夫红茶。正山小种是我国生产的第一种红茶，因为熏制的原因，茶叶呈黑色，但茶汤为深红色。

采茶时间

清明前后开始采摘。

采摘标准

一芽一叶、一芽两叶。

工艺特点

正山小种的制法有别于一般红茶，发酵后在 200℃ 的平锅中进行拌炒 2~3 分钟，称为“过红锅”，其目的是为了散去青臭味，消除涩感，增进茶香。在后期干燥过程中，还要用湿松叶进行熏烟焙干。

形状：外形条索肥实。
色泽：色泽铁青带褐，较油润。

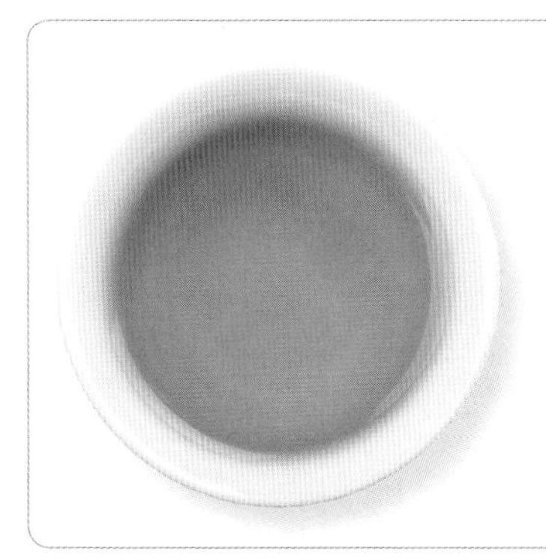

茶汤：汤色橙黄清明。
口感：滋味醇厚，似桂圆汤味，气味芬芳浓烈，以醇馥的烟香和桂圆汤、蜜枣味为其主要品质特色。如加入牛奶，茶香不减，形成糖浆状奶茶，甘甜爽口，别具风味。

闻香：有天然花香，香气不强烈，细而含蓄。
叶底：叶底鲜红明亮，柔嫩肥厚。

茶艺直播间

中国的红茶冲泡方法有自己鲜明的特点，这与我们的文化有关，也是我们的祖先经过千百年的实践总结出来的。我国饮红茶多以清饮为主。所谓清饮，就是在茶汤中不添加任何调料，使红茶发挥自身的香气和滋味。清饮时，一杯好茶在手，静品细啜，慢慢体味，最能使人进入忘我的境界，油然生出一种快乐、激动、舒畅之情，颇有苏东坡“从来佳茗似佳人”的意境。

家庭清饮祁门红茶

冲泡要点

用　　量：2克/人
水　　温：90℃
茶 水 比：1 ∶ 50
适用茶具：瓷茶具

1 准备茶具
准备茶具和茶叶，同时将水烧沸备用。

2 温壶
将开水注入瓷壶中温壶。

3 温公道杯
将温壶的水倒入公道杯中，温公道杯。

4 温品茗杯
将公道杯内的水依次倒入品茗杯中来温杯。

5 投茶
用茶匙将茶荷中的茶轻轻拨入茶壶中。

6 冲水
在茶壶中注满水，冲泡 2 ~ 3 分钟。

7 倒水
将公道杯内的水依次倒入水盂。

8 出汤
将泡好的茶汤倒入公道杯中。

9 分茶
将公道杯中的茶倒入各品茗杯中。

10 奉茶
双手持品茗杯敬奉给客人品饮。

办公室简易调饮奶茶

当今人们的生活节奏普遍加快，因此，人们常常没有那么多时间坐下来悠闲地品饮一杯红茶。因此，这里介绍一种很简易的红茶调饮法，可以让人们在出差中或办公室里就能轻松喝到一杯香醇奶茶。

冲泡要点

用　　量：1 个茶包 / 人
水　　温：95℃
茶 水 比：1 ∶ 50
适用茶具：咖啡杯
其　　他：牛奶、砂糖

1 准备
准备好咖啡杯、红茶茶包、牛奶、砂糖。

2 冲水
直接向杯中冲入约 1/3 杯的开水。

3 放茶包
将红茶茶包放入杯中，1 ~ 2 分钟后提棉线上下搅动。

4 加牛奶
兑入适量牛奶。

5 加白糖
根据个人口味，加入适量砂糖，用汤匙轻轻搅拌即可。

乌龙茶

入水七泡，犹有余香

乌龙茶名称的来历，据说是因为其茶外形卷曲，看起来像一条弯来弯去的黑蛇，所以被称为“乌龙茶”。乌龙茶是半发酵茶，因此既有绿茶的清香和花香，又有红茶的醇厚滋味。如今，乌龙茶被称为“苗条茶”，是塑形和保持健康的妙药，能助消化、利尿，而且还有很强的抗过敏、抗癌症的功效。

乌龙茶资讯站

乌龙茶，亦称青茶，属半发酵茶，是中国七大茶类中独具鲜明特色的茶叶品类，既有红茶的浓鲜味，又有绿茶的清香味，泡开后，茶叶中间为绿色，边缘为红色，人们形象地比喻它为“绿叶红镶边”。同时，它还是介于不发酵茶和全发酵茶之间的一种，饮后齿颊留香，回味甘甜。

产地

主要产自福建北部、南部及广东、台湾等地区。

分类

乌龙茶根据产地分为以下四种：

- **闽南乌龙**

主要产于福建省南部的安溪县、永春县等地，主要名茶有铁观音、黄金桂、大叶乌龙、奇兰、本山等。其中铁观音的名气最大。

- **闽北乌龙**

主要产于福建省北部的武夷山一带，主要名品有大红袍、武夷肉桂、武夷水仙、铁罗汉等。尤以大红袍最著名。

- **广东乌龙**

主要产于广东省东部凤凰山区一带及潮州、梅州等地。凤凰单枞、凤凰水仙、岭头单枞等十分有名。

- **台湾乌龙**

主要产于阿里山山脉等地，名品有冻顶乌龙、文山包种、阿里山乌龙、白毫乌龙等。

茶言茶语

乌龙茶与绿茶的区别

乌龙茶和绿茶产自同一种茶树，最大的差别在于有无发酵。绿茶未进行发酵，保留了很多维生素。乌龙茶经过半发酵的过程，在减少茶的涩味的同时，还产生了有抗氧化功效的儿茶素和多酚类物质，因此它具有很多绿茶所没有的保健功效。

功效

1. 乌龙茶具有突出的美容效果，所含大量的茶多酚，能降低血清中性脂肪及胆固醇，起到抗氧化、防衰老、保持皮肤湿润和弹性的作用。日本人称之为“美容茶”。

2. 乌龙茶含有多种矿物质，具有较强的分解、消化脂肪的作用，可以抑制胆固醇积聚，具有显著的减肥健美功效，有“健美茶”之称。

慧眼识茶

外形

优质乌龙条索紧实肥重。

色泽

优质的乌龙茶呈砂绿色或清绿乌褐色。

大红袍

香气

有天然花香，闻干茶时埋头紧贴着闻，吸三口气，如果茶香越来越强劲则为好茶。

汤色

汤色呈橙黄或金黄色，清澈明亮。

滋味

醇厚鲜爽。

叶底

叶底边缘呈红褐色，中间部分为淡绿色，形成奇特的“绿叶红镶边”的特点，绿处翠绿带黄，红处十分明亮。

乌龙名品

安溪铁观音、冻顶乌龙、武夷大红袍、武夷肉桂、武夷水仙、黄金桂、凤凰单枞、阿里山乌龙、永春佛手等。

冲泡技巧

水温

乌龙茶中的某些芳香物质要在高温下才能完全挥发出来，因此冲泡乌龙茶需要95℃左右沸水。

投茶量

茶与水的比例为1：20。

适用茶具

紫砂壶、盖碗。

注水方式

用“悬壶高冲”的方法能将乌龙茶叶激荡起来，加上水温高，茶汁浸出率高，更能品出乌龙茶茶味浓、香气高的特点。

冲泡次数

乌龙茶有“七泡有余香”的说法，如果方法得当每壶可冲泡七次以上。

铁观音

名品乌龙茶鉴赏

安溪铁观音

——独具“观音韵”

产　地：福建省泉州市安溪县
知名度：★★★★★

安溪铁观音产于福建省安溪县，属于乌龙茶类，是中国十大名茶之一乌龙茶的代表。乌龙茶是介于绿茶和红茶之间的一种茶，属于半发酵茶类。安溪铁观音创制于清代雍正年间，当时安溪茶农创制出了很多优质的茶树品种，其中以铁观音的品质最为优异，而用铁观音茶树采制的茶叶也叫铁观音，因此，铁观音既是茶树的品种名，又是茶名。安溪铁观音有独特的“观音韵”，清香雅韵。正因为安溪铁观音具有香高韵长，醇厚甘鲜等超凡品质，因此受到国内外广大消费者的喜爱。

采茶时间

谷雨前后开始采摘。

采摘标准

一芽二叶，一芽三叶。

工艺特点

在日光萎凋后，必须移至屋内静置，隔一段时间翻动搅拌，好让水分继续发散，使茶叶含有高香成分易于挥发出来。接着就是浪青，以破坏茶的叶脉，使茶叶里的水分不再流失，并使茶叶里的各种物质大量释出至表面上来，之后再将茶青推置起来形成温暖更适合发酵的状态，直到叶边出现红边。

形状：条索肥壮、圆整呈蜻蜓头状，沉重。
色泽：乌黑油润，砂绿明显。

茶汤：茶汤呈金黄、橙黄色。
口感：细啜一口，舌根轻转，可感茶汤醇厚甘鲜；缓慢下咽，回甘带蜜，韵味无穷。

闻香：香气浓郁持久，音韵明显，带有兰花香或者生花生仁味、椰香等各种清香味。
叶底：叶底肥厚明亮，具绸面光泽。

武夷大红袍

——岩茶之王

产　　地：福建省武夷山市

知 名 度：★★★★★

大红袍产于闽北“美景甲东南”的名山武夷山，一般茶树生长在岩缝之中。大红袍具有绿茶之清香，红茶之甘醇，是中国乌龙茶中的极品，有“茶中之圣”的美称。与其他茶叶相比，大红袍冲至九次尚不脱原茶真味——桂花香，而其他茶叶七次冲泡后味已经极淡了。2006年，大红袍传统制作技艺作为全国唯一茶类被列入国家首批非物质文化遗产名录，并开始申报世界非物质文化遗产。

采茶时间

谷雨以后开始采摘。

采摘标准

一芽三叶、一芽四叶。

工艺特点

武夷大红袍在萎凋之后，有做青工序，做青时要以特有的手势摇青。将水筛中的凉青叶不断滚动回旋和上下翻动，通过叶缘碰撞、摩擦、挤压而引起叶缘组织损伤，促进叶内含物质氧化与转化。摇后静置，使梗叶中水分重新均匀分布，然后再摇，摇后再静置，如此重复7～8次，逐步形成其特有的品质特征。其后的揉捻分初揉和复揉，杀青叶需快速盛进揉捻机乘热揉捻。初揉后即可投入锅中复炒，使茶条回软利于复揉，又补充杀青之不足。

形状：条索紧结、壮实，稍扭曲。

色泽：色泽绿褐鲜润。

茶汤：汤色橙黄明亮。

口感：岩韵明显、醇厚、回味甘爽、杯底有香气。耐泡，八泡之后尤有香味。

闻香：香气馥郁有兰花香，香高而持久。

叶底：软亮匀齐、红边或带朱砂色。

冻顶乌龙
——茶中圣品

产　　地：台湾省南投县鹿谷乡
知 名 度：★★★★★

冻顶乌龙茶，产于台湾省南投县凤凰山支脉冻顶山一带，是台湾高山乌龙茶最负盛名的一种。关于冻顶乌龙茶的来历还有个传说，相传是在140年前，台湾有个叫林凤池的秀才要去福建赶考，因生活拮据，乡里人便解囊相助。后来林凤池中了举人，衣锦还乡，从武夷山上带回了36株茶苗赠给乡亲，栽在冻顶山上，于是就成了今天的冻顶乌龙。冻顶乌龙产自台湾鹿谷附近冻顶山，山多雾，路陡滑，上山采茶都要将脚尖“冻”起来，避免滑下去，山顶叫冻顶、山脚叫冻脚。其茶汤清爽怡人，茶香清新典雅。在东南亚，冻顶乌龙享有盛誉。

采茶时间

冻顶乌龙一年四季均可采摘，从3月下旬开始采摘。

采摘标准

一芽二叶、一芽三叶。

工艺特点

冻顶乌龙的制作过程分初制与精制两大工序。初制中以做青为主要程序。做青经轻度发酵，将采下的茶青在阳光下暴晒20~30分钟，使茶青软化，水分适度蒸发，以利于揉捻时保护茶芽完整。萎凋时应经常翻动，使茶青充分吸氧产生发酵作用，待发酵到产生清香味时，即可进行高温杀青。然后进行整形，使条状定型为半球状，再经过风选机将粗、细、片等完全分开，分别送入烘焙机高温烘焙。

形状：外形卷曲呈半球形。
色泽：墨绿油润。

茶汤：汤色呈金黄带绿色。
口感：滋味甘醇浓厚，回甘强；且清香持久、生津解渴、兼具奶香味，滋味特别清香。

闻香：香气高，有花香略带焦糖香。
叶底：叶底淡绿，匀整，绿叶带浅红边。

武夷肉桂

——香似桂皮

产　　地：福建省武夷山市

知 名 度：★★★★

武夷肉桂，亦称玉桂，由于它的香气滋味有似桂皮香，所以在习惯上称“肉桂”，是武夷名茶之一。肉桂茶产于福建省武夷山市境内著名的武夷山风景区，被发现至今已有一百多年的历史了，但是在这一百年里，肉桂的产量一直寥寥无几，直到 20 世纪 50 年代其产量才有所提升，从而一跃成为武夷名茶的后起之秀。由于其品质优异，性状稳定，如今不仅成为武夷岩茶的最佳当家品种，而且也被外地广为引种，成为乌龙茶中的一枝奇葩。

采茶时间

谷雨前后采摘。

采摘标准

一芽二叶、一芽三叶。

工艺特点

武夷肉桂在不同地形、不同级别的新叶，采取不同的技术和措施。现今制作，仍沿用传统的手工做法，鲜叶经萎凋、做青、杀青、揉捻、烘焙等十几道工序。鲜叶萎凋适度，是形成香气滋味的基础，做青系岩茶品质形成的关键。做青时须掌握重萎轻摇，轻萎重摇，多摇少做，先轻后重，先少后多，先短后长、看青做青等十分严格的技术程序。近年来做青多以滚筒式综合做青机进行。

形状：外形条索匀整、卷曲。

色泽：色泽褐禄，油润有光。

茶汤：汤色橙黄清澈。

口感：入口醇厚回甘，咽后齿颊留香，四五泡之后，仍有余香。

闻香：具奶油、花果、桂皮般的香气。

叶底：叶底黄亮，红点鲜明，呈淡绿底红镶边。

凤凰单枞

——凤凰山上茶香殊

产　　地：广东省潮安县凤凰山

知 名 度：★★★★

凤凰单枞，又名广东水仙，属条形茶，其主要产区是广东省潮州市凤凰山，那里海拔达1500米，常年云雾缭绕，空气湿润，昼夜温差大，降水丰富，土壤肥沃。凤凰茶在天独厚的环境中，吮吸山川日月之精华，形成了“形美、色翠、香郁、味甘”的独特品质。美国总统尼克松称其“比美国的花旗还要提神”。日本茶叶博士松下智先生更是赞其是“中国的国宝”。

采茶时间

清明前后至立夏为春茶；立夏至小暑为夏茶；立秋至霜降为秋茶；立冬至小雪为雪片茶。

采摘标准

嫩梢形成驻芽后第一叶开展到中开面为宜。

工艺特点

有碰青、摇青、摊置工序，一般须经过5~6次碰青、摇青。每次碰青结合摊置1.5~2个小时，后期摊置要延长半小时左右。揉捻操作先轻后重，必要时可进行复炒复揉。烘焙要分三次进行，第一次只烘至五成干，摊放1~2小时；第二次较低温焙至七、八成干，摊放6~12小时；第三次低温焙至足干。

形状：条索粗壮，匀整挺直。

色泽：黄褐、油润有光，并有朱砂红点。

茶汤：汤色金黄，清澈明亮。

口感：滋味醇爽回甘，十分耐泡，饮后令人释躁平矜，怡情悦性。

闻香：清香持久，有独特的天然兰花香。

叶底：肥厚柔软，边缘朱红，叶腹黄亮。

茶艺直播间

乌龙茶盖碗冲泡法

冲泡要点

- 茶　　叶：安溪铁观音
- 用　　量：3克/人
- 水　　温：95℃
- 茶 水 比：1 : 20
- 适用茶具：盖碗

1 准备茶具

将水烧至沸腾，取适量茶叶放入茶荷中待用。

2 温盖碗

将热水倒入盖碗中，温烫以后倒入公道杯，然后依次倒入闻香杯和品茗杯中温烫，之后将水倒入茶盘。

3 **投茶**
用茶匙将茶轻轻拨入盖碗中。

4 **润茶**
将开水冲入盖碗中，然后迅速入公道杯中。

5 **淋茶宠**
用公道杯里的水淋茶宠。

6 **冲泡、出汤**
高冲水至茶汤刚溢出杯口，盖上杯盖静候片刻，然后将泡好的茶汤倒入公道杯中。

7 **闻香**
向闻香杯中倒入适量茶汤，将品茗杯倒扣在闻香杯上，然后翻转、闻香。

8 **品饮**
闻香过后即可持杯品饮。

乌龙茶紫砂壶冲法

冲泡要点

- **茶　　叶：** 冻顶乌龙
- **用　　量：** 3克/人
- **水　　温：** 90℃
- **茶 水 比：** 1 : 20
- **适用茶具：** 紫砂茶具

1 备具
准备茶具。

2 取茶
取出适量茶叶放到茶荷里备用。

3 温具
向紫砂壶中注入沸水，然后将温壶的水分别倒入闻香杯、品茗杯中。

4 投茶
用茶匙将茶拨入紫砂壶中。

5 润茶

向壶中注入半壶开水，然后迅速将水依次倒入闻香杯和品茗杯。

6 冲泡

向壶中冲水直至茶汤刚刚溢出壶口。

7 刮沫

用壶盖刮去壶口的浮沫，然后冲去壶盖上的浮沫，盖好壶盖。

8 倒水

将温闻香杯和品茗杯的水倒到茶盘里，也可用来淋紫砂壶。

9 擦拭

用茶巾擦拭紫砂壶外的水。

10 出汤

用紫砂壶将茶汤倒入各闻香杯中。

11 扣杯

将品茗杯倒扣在闻香杯上，然后稳稳地端起。

12 翻转

拇指按住品茗杯底，中指和食指夹住闻香杯的中下部，迅速翻转，使茶入品茗杯中。

13 提杯

将闻香杯轻轻提起。

14 闻香

双手搓动闻香杯闻香。

15 品饮

以三龙护鼎的方式持杯品茗。

第6章

黑茶

能够喝的古董

大部分茶叶讲究的是新鲜，制茶时间越短，茶叶越显得珍贵，陈茶往往无人问津，而黑茶是茶中的另类，贮存时间越长，反而越难得。黑茶是后发酵茶，其独特的发酵过程生成了新的化学物质，具有减肥、降低胆固醇、抑制动脉硬化等作用，满足了以食肉类、粗粮为主的人维持健康的要求。其中以云南普洱茶最久负盛名。

黑茶资讯站

黑茶因呈黑褐色而得名，是深度发酵茶，存放的时间越久，其味越醇厚。黑茶采用的原料较粗老，是压制紧压茶的主要原料。黑茶紧压茶主要销往西藏、内蒙古等边疆地区，因此也称为“边销茶”，是少数民族地区不可或缺的饮品。其中，云南普洱茶久负盛名。

产地

主要产于四川、云南、湖北、湖南。

分类

黑茶按照产区的不同和工艺上的差别，分为以下四种：

● **湖南黑茶**

安化黑茶、茯砖茶等。

● **湖北老青茶**

蒲圻老青茶、崇阳老青茶等。

● **四川边茶**

南路边茶和西路边茶等。

● **云南黑茶**

云南黑茶统称普洱茶。

● **广西黑茶**

主要有六堡茶。

茶言茶语

何为紧压茶

紧压茶主要是以黑茶和红茶为原料，经过一系列典型工艺压缩、干燥成的方砖状或块状茶。紧压茶的多数品种比较粗老，干茶色泽黑褐，喝时需用水煮，但它具有便于长途运输、防潮性能好、保存方便、茶味醇厚等优点。这种茶在蒙古族、藏族等少数民族地区非常流行，因为这里的牧民多食肉，需用茶来帮助消化和分解脂肪，紧压茶在煮制过程中会释放大量的鞣酸，极利消化。

功效

1. 黑茶富含维生素、矿物质，对饮食以肉类为主、缺少蔬果的人而言，能够补充人体必需的矿物质和各种维生素。

2. 黑茶中的咖啡因、氨基酸等有助于人体消化，调节人体脂肪代谢，咖啡碱的刺激作用更能提高胃液的分泌量，从而增进食欲，帮助消化。

3. 黑茶具有良好的降解脂肪、抗血凝作用，有降压、软化血管、防治心血管疾病的作用。

4. 黑茶富含茶多糖，具有降低血脂和血液中过氧化物活性的作用。

5. 黑茶还具有抗氧化、抗衰老的功效。

慧眼识茶

- **外形**

好的黑茶及紧压茶条索清晰、肥壮、整齐紧结。紧压茶外形匀整端正、棱角整齐、松紧适度。

- **香气**

黑茶及紧压茶在陈化十年后会有陈味，但不是霉味或潮味等异味，黑茶素有“陈而不霉”的说法，陈味会在醒茶或通风下渐渐消失，如果有霉味则是茶质变坏。

- **汤色**

红浓明亮。

- **滋味**

甘甜、润滑、厚重、醇香。

黑茶名品

普洱生（熟）茶、六堡茶、茯砖茶、安化黑茶、沱茶等。

冲泡技巧

- **捣茶**

黑茶多为紧压茶，泡茶前需先捣碎。

- **水温**

黑茶要用 100℃的水冲泡。

- **投茶量**

茶叶与水的比例为 1∶30～1∶50。

- **适用茶具**

用紫砂壶冲泡。

- **冲泡次数**

黑茶耐泡，但也不要长时间浸泡，以免苦涩味重，难以下咽。一般第一泡浸泡时间为 30 秒至 1 分钟，从第二泡起每泡累加 20 秒，根据个人口味可冲泡 5 ～ 10 次。

名品黑茶鉴赏

普洱生茶

——时间是最好的调味剂

产　　地：云南省普洱市一带

知 名 度：★★★★

普洱生茶分为散茶和紧压茶，散生茶就是晒青毛茶，即茶鲜叶采摘后经杀青、揉捻、晒干后即可；紧压茶就是晒青毛茶经过压制，制作成各种形状的紧压茶。紧压茶外形有圆饼形、碗臼形、方形、柱形等多种形状和规格。一般紧压茶是不分等级的，但有高、中、低三个档次。生茶在制成之后，一般要经过长时间的自然发酵，使茶的味道更加柔和。这个过程一般为五年以上，时间越久，口味越好。

采茶时间

清明前后开始采摘。

采摘标准

一芽一叶、一芽二叶、一芽三叶。

工艺特点

茶鲜叶采摘后，经过杀青、揉捻、晒干后制成晒青毛茶，也即散生茶。然后再压制成各种形状，这就是紧压茶。

形状：条索完整，紧结，清晰。

色泽：色泽光滑油润。

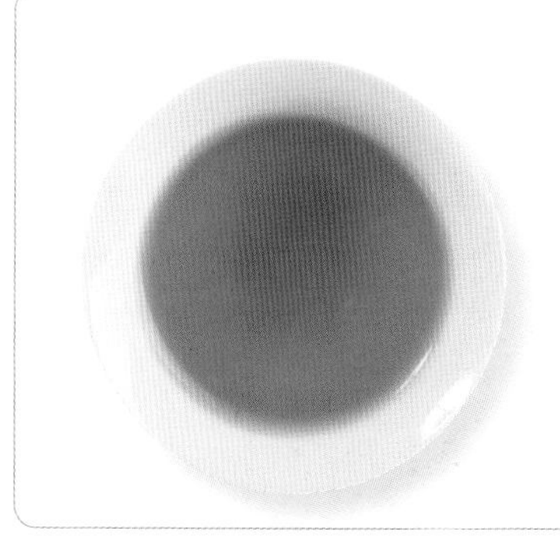

茶汤：汤色随着时间的增加会从栗红色转为深栗色。

口感：新茶口感苦涩，茶味十足，回甘强，带有幽幽的花香、豆香。陈放时间越长，口味就越浓郁。

闻香：新茶带有幽幽的花香、豆香；陈茶不同时期自然发酵出荷香、樟香、兰香等不同香气。

叶底：柔软、新鲜、有伸张性、有生命力。

普洱熟茶
——新茶就能喝

产　　地：云南省普洱市一带

知 名 度：★★★★★

普洱茶是以云南省一定区域内的云南大叶种晒青毛茶为原料，经过后发酵加工成的散茶和紧压茶。普洱熟茶是采用人工发酵加工制成的普洱茶，历史上正式出现熟茶是 1973 年，而在 1975 年，人工渥堆技术在昆明茶厂正式试制成功，从此揭开了普洱茶生产的新篇章。人工发酵技术主要是为了解决普洱茶自然发酵时间过长的问题，从而由人工模仿自然发酵的过程以达到快速陈化普洱茶的目的。由于新制生茶生涩刺喉，而熟茶口感相对温和醇厚，所以普通消费者，无论从口感还是价格上，建议先从熟茶喝起，而且熟茶减肥功效更加明显。

采茶时间

清明前后开始采摘。

采摘标准

一芽一叶、一芽二叶、一芽三叶。

工艺特点

用晒青毛茶经过渥堆后，不经紧压的为散熟茶，经过紧压制成各种形状的为熟紧压茶。

形状：条索紧结，完整。

色泽：茶青呈黑色或红褐色，有些芽茶则呈暗金黄色。

茶汤：汤色红浓明亮。

口感：滋味陈香醇厚、顺滑、回甘，几乎不苦涩，泡水长。

闻香：由青樟香转变为清清的樟香然后变参香中带枣香味。

叶底：发酵度较轻者叶底呈红棕色，但不柔韧。重发酵者叶底以深褐色或黑色居多，较硬且易碎。

安化千两茶

——茶文化的经典

产　　地：湖南省安化县

知 名 度：★★★★★

安化千两茶，曾经是安化江边刘姓人家不外传的神秘产品，以每卷茶叶净含量合老秤一千两而得名，因其外表由篾篓包装成花格状，故又名“花卷茶”。新中国成立后于 1952 年引入湖南省白沙溪茶厂独家生产，由于千两茶都是手工制作，1958 年后，湖南省白沙溪茶厂以机械生产花砖茶取代了花卷茶，千两茶因此而绝产。直到 21 世纪初才重新出现，并风靡广东及东南亚市场。其声誉之盛，已不亚于当今大行其道的普洱茶，被誉为“茶文化的经典，茶叶历史的浓缩”。

采茶时间

谷雨前开始采摘，一年四季均可采摘。

采摘标准

一芽四叶、一芽五叶。

工艺特点

千两茶压制工艺独特，可以说是集数百年黑茶加工工艺之大成。粗制形成黑毛茶，有杀青、揉捻、渥堆、烘干等多道工序。精制过程更具技术含量，蒸、装、勒、踩、凉置、水分的高低、温度和湿度的控制，都有非常精确的物理、化学指标。特别是毛茶要在七星灶上用松木烘烤，以便形成独有的高香。

形状：外表的篾篓包装成花格状。

色泽：茶胎色泽如铁且隐隐泛红。

茶汤：汤色透亮如琥珀色。

口感：滋味圆润柔和令人回味，同一壶茶泡上数十道汤色无改，饮之通体舒泰。

闻香：其香有樟香、兰香、枣香之别。

叶底：呈青褐色。

沱茶
——形似窝头

产　　地：云南省景谷县
知 名 度：★★★★

沱茶是一种制成圆锥窝头状的紧压茶，主要产地是云南省景谷县，又称“谷茶”。沱茶从面上看似圆面包，从底下看似厚壁碗，中间下凹，颇具特色。以前一般用黑茶制造，便于马帮运输，一般将几个用油纸包好的茶坨连起，外包稻草做成长条的草把。因为一个茶坨的分量比一块茶砖要小得多，所以更容易购买和零售，因此也备受消费者喜爱。沱茶是云南茶叶中的传统制品，历史悠久，古时便享有盛名，早在明朝万历年间的《滇略》一书中就有记载：“士庶用皆普茶也，蒸而团之。”

形状：外形端正、呈碗形，内窝深而圆；外表满布白色茸毫。
色泽：茶色青翠油润。

茶汤：汤色橙黄明亮。
口感：滋味浓酽、香醇，耐冲泡，愈久愈醇，浓得有如巧克力的茶汤上，会浮一层金色的晕，吹之不散，茶汤不苦涩，入口轻甜而浓郁。

闻香：香气馥郁清香，并有独特的陈香。
叶底：肥壮鲜嫩。

采茶时间

春、夏、秋季皆可采摘。

采摘标准

一芽三叶、一芽四叶。

工艺特点

1. 称茶和蒸茶：将晒青毛茶倒入有许多小孔的圆形蒸茶筒，用蒸气蒸时只将蒸茶筒摊至蒸气嘴上，经过 10 ~ 20 秒钟，到茶吸收水分，含水量增加 3% 左右时为好。

2. 揉袋施压：将蒸好的茶倒入三角形圆底的小布袋中，将茶袋放于碗形钢模上，用杠杆人力加压成形。

3. 定型干燥：压制的茶先冷却定型，再放到烘盘上冷却定型 8 ~ 10 小时，然后送至烘房，低温慢烘，烘 30 小时，冷却要 48 ~ 50 小时才能达到干燥适度。

六堡茶
——味有槟榔香

产　　地：广西壮族自治区梧州市苍梧县六堡乡
知 名 度：★★★★

六堡茶因产于广西壮族自治区梧州市苍梧县六堡乡而得名。六堡茶历史悠久，最早可追溯到一千五百多年前。清嘉庆年间以其特殊的槟榔香味而列为全国 24 种名茶之一。六堡村地处崇山峻岭之中，树木遮天，且高山云雾缭绕，每天午后，太阳不能照射，是故蒸发少，其所产茶叶叶片厚而大，味浓而香。六堡茶素以“红、浓、陈、醇”四绝著称，而且六堡散茶可以直接饮用，且存放越久质量越佳，民间常把已贮存数年的陈六堡茶，用于治疗痢疾、除瘴、解毒等。

形状：条索紧结。
色泽：黑褐，油润。

茶汤：汤色红浓明亮。
口感：口感醇厚甘爽，略感甜滑，饮后顿觉身心舒适，如释重负，特别适合在炎热闷湿的气候条件下品饮。

闻香：香气醇陈、有槟榔香味为佳。
叶底：黑褐，细嫩柔软，明亮。

采茶时间

鲜叶采摘一般从 3 月至 11 月。

采摘标准

一芽二叶、一芽三叶。

工艺特点

1. 杀青：杀青要均匀，至叶质柔软，叶色转为暗绿色，青草气味基本消失为适度。

2. 初揉：趁着温度揉捻至成条索。

3. 堆闷：初揉结束后进行筑堆堆闷，当堆温达到 55℃时，及时进行翻堆散热，当堆温降到 30℃时再收拢筑堆，继续堆闷直到适度为止。

4. 复揉：再次揉紧成条索。

5. 干燥：干燥至茶叶含水量不超过 15%，成为毛茶。

茶艺直播间

黑茶紫砂壶冲泡法

冲泡要点

茶　　叶：普洱生茶
用　　量：3克/人
水　　温：100℃
茶 水 比：1 ∶ 30~1 ∶ 50
适用茶具：紫砂茶具

1 **备具**
准备茶具，同时把水烧开备用。

2 **取茶**
从茶叶罐中取出适量茶叶备用。

3 **温壶**
向紫砂壶中倒入开水温烫。

4 温杯
将紫砂壶中的水倒入各品茗杯中，温杯。

5 投茶
将茶荷中的茶叶用茶匙拨入壶中。

6 润茶
向紫砂壶中冲入开水润茶，然后迅速将壶中的水倒入茶盘里。

7 冲泡
向紫砂壶中冲水至刚刚溢出壶口，刮去浮沫，盖好壶盖。

8-2

8 倒水

将温品茗杯的水依次倒出。

9 分茶、品饮

将泡好的茶汤均匀地分到各品茗杯中，然后即可持杯品饮。

专题 慧眼识得真仙茗——普洱茶选购与保存

普洱茶选购的原则

随着普洱茶热的兴起，大大小小的普洱茶庄不断出现，但是这些普洱茶庄良莠不齐，有些茶庄以次充好，坑害消费者。那么，如何选购好的普洱茶？以下有几条基本选购原则，以供参考。

● 看

不管是散茶还是紧压茶，必须保证外部包装干净整洁，茶叶条索清晰，形状完整美观，无水渍、虫咬，无令人厌恶的气味。如果某些茶饼或茶砖上有白斑，或者不均匀的霉斑、黄色菌斑，商家可能会说这是经过多年仓储后的老茶才会有。这种茶品情况复杂，经验不足者，最好不要购买，对于新手，不建议买老茶。

● 尝

不管挑选哪种茶，都要自己试喝。多走几家店，多品尝几种茶，要相信自己的口感和眼力，不要轻易相信茶商告知的“年份”。同时要多喝少买，不断提高自己的品鉴能力。

好的普洱茶应该符合下面 4 个特点：

1. 生茶茶叶无异味，闻着有清香、荷香、樟香。
2. 生茶茶汤明亮，熟茶茶汤呈琥珀色、玛瑙色等。
3. 生茶味甘甜，熟茶味醇厚、陈香。
4. 冲泡后的叶底柔嫩、完整、均匀。生茶叶底色泽嫩黄，熟茶红褐柔软。

看懂包装

普洱茶属于后发酵茶，其特殊的制茶工艺及越陈越香的品质特点，很难以某个时间点界定其成品时间，所以以往的售茶传统，包装上一般是不标明生产日期的。2007 年，为了杜绝和避免普洱茶出现鱼目混珠、良莠不齐的情况，普洱市在增订的《普洱茶加工技术规程》中，明确规定普洱茶包装上应标注产品名称、生产企业名称、地址、原料产地、质量等级、净含量、产品标准代码、卫生许可证、QS 标志、生产日期、保存期等内容，其中“保存期”的注解是：“满足本标准的包装贮存条件，普洱茶适宜长期保存。”

同时，由于各时期生产的普洱茶所用的包装纸不同，所以不同的包装纸，代表不同时期所生产的普洱茶。

● 牛皮纸

从 1973 年开始，云南省的国营下关、勐海茶厂用牛皮纸来包装外销茶。

牛皮纸

● **网格纸**

这种纸出现在 1987 到1992 年间，其特征为手工制作，纸张有明显的网格点状，云南省的勐海茶厂的有些茶饼就使用这类纸张。

● **机器薄纸**

1995 年大量出现，其主要特征为纸浆纤维短细、均匀而无规则。国营的七子饼茶均有使用。

● **厚棉纸**

8582 是早期厚棉纸包装的代表，手工制作、单面油光、条纹不明显，有厚薄之分。

● **手工薄棉纸**

出现在网格纸之后，特征是厚薄差异小，比网格纸薄，容易损坏，以 7542、7572 为代表。

网格纸

机器薄纸

手工薄棉纸

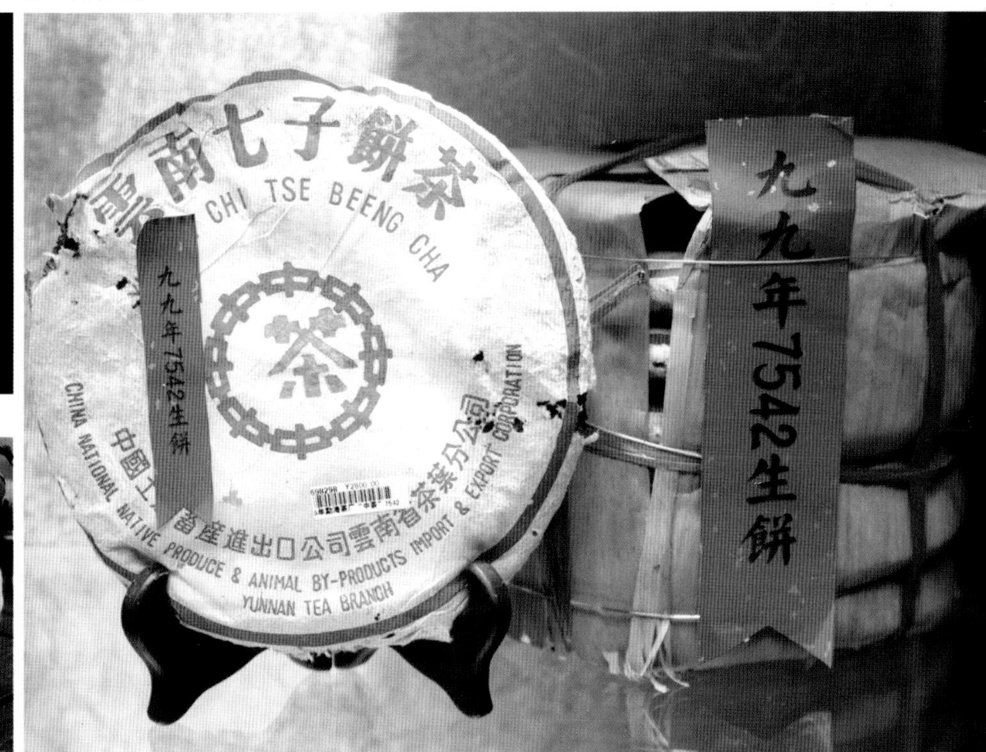

厚棉纸

● 薄油纸

这种纸张为亮面油纸，有黄、白之分，专用在砖茶外包装。从 1973 年的厚砖开始，至 1994 年昆明茶厂最后一批 7581 为止。

● 内飞

压在茶叶中的厂方或订制者标志，可作为辨识依据。

● 唛号

唛号是一种商品标记，也叫做“茶号”或“卖号”。1976 年，云南省茶叶公司为了规范普洱茶，决定使用茶叶唛号。饼茶的唛号有 4 位数，第一、二位是该茶的生产年份，第三位是茶叶的等级，第四位是茶厂的编号（昆明 1、勐海 2、下关 3、普洱 4），如 7542，为 1975 年生产的，茶叶等级为 4，勐海茶厂出品。散茶为 5 位数，第三、四位为茶的等级，如 75671。

薄油纸

内飞

保存：保存得当增茶味

普洱茶的储存对其特有的品质和陈香有着很重要的影响。其实普洱茶的储存并不困难，它的储存与绿茶、乌龙茶比较来说相对简单一点，只要避免阳光直射、环境干净卫生、通风、无其他杂味异味即可。具体情况，要注意以下几点：

● 空气要流通

空气流通有助于茶叶中一些微生物的繁衍，因而可以加速普洱茶的陈化。而密封的环境不仅会闷坏茶叶，还容易使茶叶吸收密闭环境的杂味，因此普洱茶要放在有适度流通空气的地方，但不要放在风口，因为如果被风直接吹，茶味会被吹淡，喝起来就会淡而无味。

● 温度要恒定

存储环境的温度，一般以正常的室内温度为宜，不要刻意人为创造，最好保持在 20～30℃之间。温度过高，茶叶会加速发酵而变酸。相对而言，春、夏、秋三季普洱茶的变化比冬季快。还有，不要被太阳直接照射，置于阴凉处为好。

● 温度要适宜

普洱茶发酵的三个条件是水分、温度和氧气。没有水，就不会发酵，所以存放环境需要一定的湿气。如果环境干燥，那么可以在茶叶旁边放一小杯水增加空气的湿度。

● 环境要干净无异味

茶叶很容易吸收空气中的异味，所以普洱茶储存的地方一定要清洁无杂味，否则茶叶会串味。

● 外包装顺其自然

买到普洱茶后应尽量利用传统的箬竹包装，这样有助于普洱茶的发酵，也能过滤杂味。买回茶叶后如果不着急品尝，最好直接用原包装储存。

雲南同慶號
百年同慶號大票 102×125mm 清末民初
貢品同興號大票 240×198mm 清末民初
福元昌大票 102×112mm 清末民初
宋聘號大票 144×134mm 清末民初
思普貢茗
普洱茶磚

第7章

黄茶

金镶玉色尘心去

黄茶的产生属于炒青绿茶过程中的妙手偶得，人们发现，由于杀青、揉捻后干燥不足或不及时，叶色即变黄，于是产生了新的茶叶品类——黄茶。黄茶的品质特点是黄汤黄叶，啜上一口，满口余香。

黄茶资讯站

黄茶属轻微发酵茶，集绿茶的清香、白茶的愉悦、黑茶的厚重和红茶的香醇于一体，但说起它的出现可是十分偶然。人们在制作炒青绿茶的时候发现，如果杀青、揉捻后干燥不足或不及时，茶的叶子会变黄，于是有了黄茶这个茶种，其最显著的特点就是“黄叶黄汤”。

产地

主要产于湖南君山、沩山，安徽金寨、湖北远安也有少量生产。

分类

黄茶按其鲜叶的嫩度和芽叶的大小可分为黄芽茶、黄小茶和黄大茶三类。

黄大茶

黄大茶是采摘一芽二、三叶甚至一芽四、五叶为原料制作而成的，主要包括霍山黄大茶、广东大叶青等。

黄小茶

黄小茶是采摘细嫩芽叶加工而成的，主要包括北港毛尖、沩山毛尖、平阳黄汤等。

黄芽茶

黄芽茶是采摘细嫩的单芽或一芽一叶为原料制作而成的，主要包括君山银针、蒙顶黄芽、霍山黄芽等。

茶言茶语

黄茶为何“黄叶黄汤”

黄茶的制作工艺与绿茶十分接近，但是专门有“堆闷”（闷黄）这个工序，堆闷后，叶子的颜色变黄，再经干燥制成黄茶，于是形成了“黄叶黄汤”的独特品质。

功效

1. 黄茶在堆闷过程中产生了大量的消化酶，对解决消化不良、食欲不振有很好的效果。

2. 黄茶中富含茶多酚、氨基酸、可溶糖、维生素等营养物质，对防治食道癌有明显功效。

3. 黄茶鲜叶中天然物质保留达85%以上，这些物质对防癌、抗癌、杀菌、消炎有特殊效果，为其他茶叶所不及。

慧眼识茶

外形

茶芽肥壮，满披毫毛。

色泽

金黄或黄绿、嫩黄。

香气

香浓干爽。

汤色

黄绿明亮。

滋味

鲜醇、甘爽、醇厚。

叶底

叶底嫩黄、匀整。

黄茶名品

君山银针、霍山黄芽、温州黄汤、皖西黄大茶、广东大叶青、海马宫茶等。

冲泡技巧

水温

85℃左右。

投茶量

茶、水比例为1：50。

适用茶具

玻璃杯、玻璃壶、瓷杯、瓷壶。

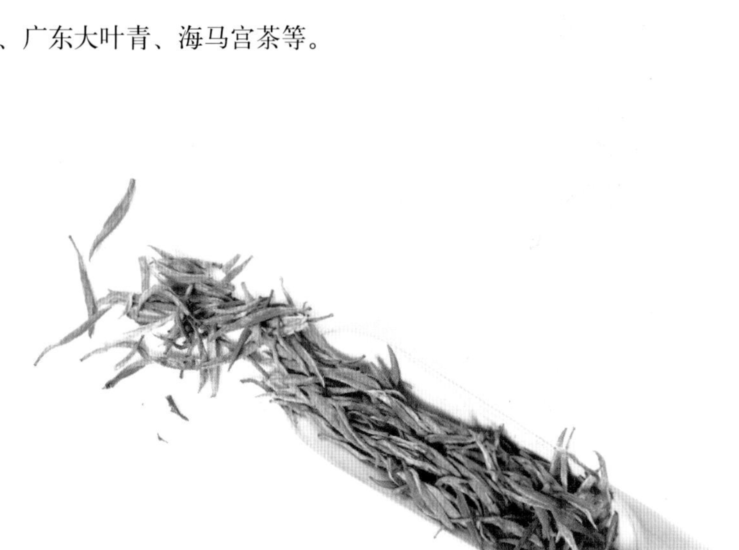

名品黄茶鉴赏

君山银针

——芽呈金黄，外披白毫

产　　地：湖南省岳阳市洞庭湖中的君山

知 名 度：★★★★★

君山银针产于湖南省岳阳市洞庭湖中的君山，因其形细如针，故名君山银针。君山茶历史悠久，唐代就已非常出名。据说文成公主出嫁时就选了君山银针茶带入西藏。银针茶一般在茶树刚冒出一个芽头时采摘，经十几道工序制成。其成品茶芽头茁壮，长短大小均匀，内呈橙黄色，外裹一层白毫，故得雅号“金镶玉”。冲泡后，开始茶叶全部冲向上面，继而徐徐下沉，三起三落，浑然一体，确为茶中奇观，入口则清香沁人，齿颊留芳。

采茶时间

清明前三天左右开始采摘。

采摘标准

春茶的首轮嫩芽。

工艺特点

君山银针的制作工序分为杀青、初烘、初包、复烘、复包、足火。其中初包是君山银针的重要工序，其过程为用牛皮纸包好，每包1500克左右，置于箱内，放置40~48小时，谓之初包闷黄，此为君山银针制造的重要工序。

形状：芽头茁壮，长短大小均匀。
色泽：茶芽内面呈金黄色，外层白毫显露。

茶汤：汤色橙黄明亮。
口感：滋味甘爽醇和，入口则清香沁人，齿颊留芳。

闻香：香气高爽清鲜，有嫩玉米香。
叶底：肥厚匀亮。

蒙顶黄芽

—— 色泽黄润，甜香鲜嫩

产　　地：四川省雅安市名山县蒙山

知 名 度：★★★★★

蒙顶黄芽产于四川蒙山，蒙山终年蒙蒙的烟雨，茫茫的云雾及肥沃的土壤，这些优越的环境，为蒙顶黄芽的生长创造了极为适宜的条件。蒙顶黄芽是蒙顶茶中的极品，其制作工艺复杂，特点是成茶芽条匀整，扁平挺直，色泽黄润，金毫显露。在 20 世纪 50 年代，蒙顶茶大多以黄芽茶为主，只是近年来多产蒙顶甘露，不过黄芽仍有生产。黄茶的品质特点是“黄叶黄汤”，这种黄色是制茶过程中进行闷堆渥黄的结果。

采茶时间

春分时节开始采摘。

采摘标准

一芽一叶初展。

工艺特点

蒙顶黄芽的制作包括杀青在内，要进行四次炒制，两次闷黄，三炒之后进行堆积摊放，将三炒叶趁热撒在细篾簸箕上，摊放厚度 5~7 厘米，盖上草纸保温，堆积 24~36 小时。

形状：外形匀整，扁平挺直。

色泽：黄润，金毫显露。

茶汤：汤色黄中透碧，清澈明亮。

口感：滋味甘醇鲜爽，齿颊回香，回味无穷。

闻香：甜香浓郁。

叶底：全芽嫩黄匀齐。

黄茶玻璃杯冲泡法

冲泡要点	
茶　　叶：	君山银针
用　　量：	2克/人
水　　温：	85℃
茶 水 比：	1 ∶ 50
适用茶具：	玻璃杯

1 备具

准备茶具和适量茶叶。

2-1

2-2

2-3

2-4

2 温具

向玻璃杯中倒入少量水，旋转杯体，温烫杯内壁，然后将水倒掉。

3 **冲水**
向杯内注水至 1/3。

4 **投茶**
将茶拨入杯中。

5 **润茶**
轻轻旋转杯子，浸润茶叶。

6 **冲泡**
向杯中高冲水至七分满。

7 **品饮**
大约 5 分钟后，即可品饮。

白茶

恬静如闺中女子

我国是世界上唯一出产白茶的国家，主要产于福建、台湾等地。白茶之所以叫白茶，并不是说茶叶或茶汤是白色的，而是因为白茶的叶尖和叶背面有一层似银针的白色绒毛，它是众多茶叶中外形最优美者之一。白茶具有解毒、防暑等功效。

白茶资讯站

白茶因其叶色、汤色均如银似雪而得名，是中国茶类中的特殊珍品，其鲜叶要求嫩芽及两片嫩叶均有白毫显露，成茶则满披毫毛，色白如银，素有“绿妆素裹”之美感。白茶属轻微发酵茶，发酵度为10%，其制作的关键步骤在于萎凋和干燥两道工序，既保持了白茶特有的毫香显现、汤味鲜爽的特点，又保留了很多对人体有益的天然维生素。

产地

主要产于福建的福鼎、政和、松溪和建阳等县。

分类

白茶因茶树品种、原料（鲜叶）采摘的标准不同，分为芽茶和叶茶两种。

- **芽茶**

白毫银针。

- **叶茶**

白牡丹、贡眉、寿眉等。

功效

1. 白茶中的茶多酚对人体的糖代谢障碍具有调节作用，能降低血糖水平，从而有效地预防和治疗糖尿病。

2. 白茶含有丰富的茶多酚、维生素C和维生素P，能降低血液中的胆固醇浓度，并增强血管的弹性和渗透能力。

3. 白茶可通过利尿、排钠的作用，间接降压。

4. 白茶还有健胃提神、祛湿退热、养肝养目、养神养气的作用。

茶言茶语

白茶为何营养丰富

白茶的制作工艺很特别，也是最自然的做法：人们采摘来细嫩、叶背多白茸毛的芽叶后，不炒不揉，既不像绿茶那样阻止茶多酚氧化，也不像红茶那样促进氧化，而是将其置于微弱的阳光下或通风较好的室内自然下晾晒，这也使白茸毛能完整地保留下来。当晒至七八成干时，再用文火慢慢烘干。由于制作过程简单，以最少的工序进行加工，因此，白茶在很大程度上保留了茶叶中的营养成分。

慧眼识茶

外形

毫心肥壮、叶张肥嫩，没有子、老梗、老叶、蜡叶。如果毫芽瘦小而稀少，则为次品。

色泽

银芽绿叶，毫色银白有光泽，叶面呈灰绿或墨绿、翠绿色。

香气

以毫香浓显，清香醇正著称。

汤色

呈杏黄、杏绿色，清澈明亮。

滋味

鲜爽、醇厚、清甜。

叶底

匀整肥软，毫芽壮多，叶色鲜亮。

白茶名品

白毫银针、白牡丹、福鼎白茶等。

冲泡技巧

水温

冲泡白茶水温不宜太高，一般在 85℃为宜。

投茶量

茶与水的比例为 1∶50。

适用茶具

玻璃盖碗、玻璃杯、玻璃壶、瓷杯、瓷壶。

名品白茶鉴赏

白毫银针
——茶中美人

产　　地：福建省福鼎市、政和县

知 名 度：★★★★★

白毫银针，属白茶类。简称银针，素有茶中“美女”“茶王”之美称。白毫银针是历史名茶，明代田艺衡《煮泉小品》中就有记载：“茶者以火作为次，生晒者为上，亦更近自然，且断烟火气耳。”这是关于古代白茶的记述，表现了白茶的制作工艺。过去白毫银针只能用春天茶树新生的嫩芽制作，产量很少，所以相当珍贵。

白毫银针因为产地和茶树品种不同，分北路银针和南路银针两个品种。北路银针，产于福建省福鼎市。南路银针，产于福建省政和县，茶树品种为政和大白茶，其光泽不如北路银针。

采茶时间

清明至谷雨间采摘。

采摘标准

肥壮的单芽头，一芽一叶、一芽二叶的芽心。

工艺特点

采回的茶芽，薄薄地摊在竹质有孔的筛上，置微弱的阳光下萎凋，摊晒至七八成干，再移到烈日下晒至足干。也有在微弱阳光下萎凋两小时，再进行室内萎凋至八九成干，再用文火烘焙至足干。还有直接在太阳下曝晒至八九成干，再用文火烘焙至足干。

形状：芽头肥壮，芽长寸许，挺直如针。

色泽：色白似银，身披银毫。

茶汤：汤色杏黄，晶莹透彻。

口感：滋味清甜鲜爽、醇厚回甘，有毫香，经久耐泡。

闻香：香气清鲜。

叶底：新茶的叶底黄绿匀齐，陈茶叶底稍显红褐色。

白牡丹

——宛如蓓蕾初放

产　　地：福建省福鼎市、政和县一带

知 名 度：★★★★

白牡丹是福建历史名茶，是采自大白茶树或水仙种的短小芽叶新梢的一芽一二叶制成的，是白茶中的上乘佳品。白牡丹在1922年以前创制于建阳水吉，1922年以后，政和县开始产制白牡丹，并成为白牡丹主产区。20世纪60年代初，松溪县也曾一度盛产白牡丹。现在白牡丹产区分布在政和、建阳、松溪、福鼎等县市。白牡丹有退热祛暑之功效，为夏日佳饮。

采茶时间

采摘时间为春、夏、秋三季。

采摘标准

一芽一叶、一芽两叶。

工艺特点

白牡丹的制作不经炒揉，只有萎凋及焙干两道工序，但工艺不易掌握。

萎凋以室内自然萎凋的质量为佳。采下的芽叶均匀薄摊于水筛上，以不重叠为度，萎凋失水至七成干时两筛并为一筛，至八成半干时再两筛并为一筛，萎凋至九成五干时下筛，置烘笼中以90~100℃焙干，即为毛茶。

精制工艺比较简单，用手工捡出梗、片、蜡叶、红张、暗张后低温焙干，趁热拼和装箱。

形状：外形毫心肥壮，叶张肥嫩，呈波纹隆起，芽叶连枝，叶缘垂卷，叶态自然。

色泽：叶色灰绿，夹以银白毫心，叶背遍布洁白茸毛。

茶汤：汤色杏黄明亮。

口感：滋味清醇微甜，品饮时，给人带来清新自然的香气和高爽鲜甜的滋味，有一种十足的纯天然感觉。

闻香：毫香鲜嫩持久。

叶底：叶底浅灰，叶脉微红，布于绿叶之中，有“红装素裹”之誉。

茶艺直播间

白茶玻璃盖碗冲泡法

冲泡要点

- 茶　　叶：白毫银针
- 用　　量：2克/人
- 水　　温：85℃
- 茶 水 比：1 ：50
- 适用茶具：玻璃盖碗

1 备具

同时将水烧沸，凉至 80℃备用。

2 取茶

将适量的白毫银针放入茶荷中。

3 温具

向玻璃盖碗中倒入少量热水，温烫杯身和杯盖。

5-1

5-2

4 **投茶**
将干茶投入盖碗中。

5 **润茶**
向盖碗中注入少量水，轻轻转动盖碗，浸润茶叶。

6 **冲泡**
将水冲至七分满，盖上杯盖。

7 **品饮**
3~5 分钟后白毫银针泡好了。

茶艺小贴士

白毫银针较耐泡，第一泡冲泡时间约为 3 分钟，等茶汤泛黄时即可饮用，第二泡冲泡时间约为 5 分钟，后面几泡的冲泡时间可根据实际情况依次增加。

福

第9章

花茶

花香茶韵两相宜

以花为茶，此为花的盛世，亦为茶的盛世。茶香典雅、朴素，而花香则现代、清新，把茶叶和鲜花的香气融会在一起，珠联璧合。冲泡品吸，花香袭人，甘芳满口，令人心旷神怡。花茶不仅仍有茶的功效，而且花香也具有良好的药理作用，对人体健康有益。

花茶资讯站

花茶又名香片，是集茶味与花香于一体的茶中珍品，茶引花香，花增茶味，相得益彰。花茶属再加工茶，是利用茶善于吸收异味的特性和鲜花吐香的特性，将茶叶和鲜花一起闷制，茶将香味吸收后再把干花筛除。花茶香气浓烈，甘芳满口，令人心旷神怡，神清气爽，又有保健滋养的作用。

产地

主要产于四川、云南、湖北、湖南。

分类

按制造工艺不同可分为：

● 窨制花茶

是以红茶、绿茶或乌龙茶作为茶坯，配以能够吐香的鲜花作为原料，采用窨制工艺制作而成的茶叶，具体分为：

绿茶类花茶

茉莉花茶、柚子花茶、桂花龙井

红茶类花茶

玫瑰红茶等

青茶类花茶

茉莉乌龙、桂花乌龙等

● 工艺茶

用茶叶和干花手工捆制造型后干燥制成的造型花茶，其最大的特点就是在水中可以绽放出美丽的花形，摇曳生姿，灵动姣美，极具观赏性。有茉莉雪莲、富贵并蒂莲、丹桂飘香等30多个品种。

● 花草茶

直接用干花泡饮的花茶。其实这类花茶不是茶，而是花草，但我国习惯把用开水冲泡的植物称为茶，所以就称其为花草茶。花草茶一般具有一定的美容或保健功效，因此很受女性朋友青睐，比如菊花、玫瑰、女儿环、金五星等。

饮用花茶有讲究

医学研究表明，许多花饮具有药用价值，都有一定的宜忌人群，比如海棠花、野菊花茶较寒凉，脾胃虚弱的人不宜饮；月季花、红花具有活血的作用，孕妇要慎饮。中医还认为，人们常饮的菊花茶虽有清热解毒作用，但对阳虚体质就不太适合。因此，饮用花茶之前一定要了解其功效。

功效

1. 茶叶中的绿原酸、维生素 C，可使皮肤变得细腻、白润、有光泽。

2. 茶叶中的茶多酚、维生素 C、胡萝卜素等有防辐射功能，可以减少辐射对皮肤的伤害。

3. 花茶中的儿茶素，能抑菌、消炎、抗氧化，有助于伤口愈合。

4. 茶中含有的多酚类物质，能清除口腔细菌，保持口腔清洁。

5. 鲜花含有多种维生素、蛋白质、矿物质、氨基酸、糖类等物质，鲜花的芳香油具有镇静、调节神经系统的功效。

6. 长期饮用花茶还有祛斑、润燥、明目、排毒、调节内分泌等功效。

慧眼识茶

窨制花茶具有以下特点：

- **外形**

条索紧细圆直，同时重量较重，不应有梗、碎末等。如果条索粗松扭曲则为次品。

- **色泽**

乌绿均匀，有光亮。

- **香气**

鲜灵浓郁、花香扑鼻。

- **汤色**

浅黄明亮。

- **叶底**

细嫩匀亮。

花茶名品

茉莉花茶、玫瑰花茶、菊花茶（以黄山贡菊和杭白菊居多）、金五星、千日红、女儿环等。

冲泡技巧

- **水温**

视茶坯而定，如果茶坯为绿茶，水温应在 85℃左右；如果茶坯为乌龙茶，则需用 95℃左右。

- **投茶量**

茶与水的比例为 1：50。

- **适用茶具**

透明精致的玻璃壶和玻璃杯。

名品花茶鉴赏

茉莉花茶
——散发春天的气息

产　　地：福建省、广西壮族自治区、四川省、云南省等地
知 名 度：★★★★★

茉莉花茶是花茶里的大宗产品，它品种丰富，产区辽阔，是产量最大，销路最广的一种花茶。茉莉花茶，又叫茉莉香片，制作工艺就是将茶叶和茉莉鲜花进行拼和、窨制，使茶叶吸收花香而成的。“窨得茉莉无上味，列作人间第一香。”茉莉花茶使用的茶叶称茶胚，大多使用绿茶。因此，茉莉花的色、香、味、形与茶坯的种类、质量和鲜花的质量有密切关系。窨制而成的茉莉花茶将茶味与花香融合无间，品尝时，有清新鲜爽的愉快感受。

形状：条索紧细匀整。
色泽：褐中带黄。

茶汤：汤色黄绿明亮。
口感：滋味浓醇爽口，馥郁宜人。既有浓郁爽口的天然茶味，又饱含茉莉花的鲜灵芳香。

闻香：好的茉莉花茶，其茶叶之中散发出的香气浓而不冲、香而持久、清香扑鼻，闻之无丝毫异味。
叶底：叶底嫩匀柔软。

采茶时间

清明前后开始采摘。

采摘标准

单芽、一芽一叶、一芽二叶。

工艺特点

窨制原理：花茶窨制过程就是鲜花吐香和茶胚吸香的过程。成熟的茉莉花在酶、温度、水分、氧气等作用下，分解出芬香物质；茶胚吸香是在物理吸附作用下，随着吸香同时也吸收大量水分，由于水的渗透作用，产生了化学吸附，在湿热作用下，发生了复杂的化学变化，茶汤从绿逐渐变黄亮，滋味有淡涩转为浓醇，形成特有的花茶的香、色、味。

窨制程序

花茶的窨制传统工艺程序：茶胚、花拼、堆窨、通花、收堆、起花、烘焙、冷却、转窨或提花、匀堆、装箱。

玫瑰花茶

——香气优雅迷人

产　　地：全国各地均有生产
知 名 度：★★★★

世界上的花卉大多有色无香，或有香无色。而玫瑰既美丽又芳香，除富有观赏的价值外，还是窨茶和提取芳香油的好原料。玫瑰花茶是用鲜玫瑰花和茶叶的芽尖按比例混合，利用现代高科技工艺窨制而成的高档茶，其香气有浓、轻之别，和而不猛。玫瑰花还是一种珍贵的药材，能够调和肝脾，理气和胃，美容养颜，通经活络，软化血管，并对心脑血管疾病、高血压、心脏病及妇科病有显著疗效。我国的广东、上海、福建人都嗜饮玫瑰花茶，比较著名的玫瑰花茶有广东玫瑰红茶、杭州九曲红玫瑰茶等。

采茶时间

多在春天采摘。

采摘标准

玫瑰花骨朵。

工艺特点

在花开期间，采当日朵大饱满、花瓣肥厚、色泽鲜艳红润、含苞初放的鲜花，经摊放、折瓣、去花蒂花蕊，用花瓣付窨。分别以烘青绿茶和工夫红茶为茶坯。玫瑰红茶单窨不提花，配花量为20%~25%，以热坯付窨，窨后4~6小时通花，散热一天，收堆续窨18~20小时。二级玫瑰绿茶采用二窨一提，配花量50%；六级单窨一提，配花量10%~15%。窨后4~5小时通花散热，收堆续窨5～8小时。

形状：外形饱满，花瓣完整。
色泽：色泽粉红，均匀。

茶汤：汤色呈淡红或土黄色，如果汤色呈通红色说明加了色素。
口感：玫瑰花茶宜热饮，热饮时花的香味浓郁，闻之沁人心脾。

闻香：香气清淡。
叶底：玫瑰入水后，花瓣的颜色变淡，慢慢退变成枯黄色。

柚子花茶

——花茶之王

产　　地：产于福建省福州市、浙江省金华市等地

知 名 度：★★★★

柚子花茶是由优质绿茶加上柚子鲜花反复窨制而成的。该茶耐冲泡，香高持久，以至于茶汤放置半天至一天后，香味始终清郁悠长，口感醇润，饮后生津，回香甘滑。具有理气、舒肝、和胃化痰、清心润肺、清肝明目、减轻阵痛等功效，尤其有利于脑力工作者的精神放松。早在清朝乾隆年间柚子花茶就已成为贡品，周总理曾经把它作为赠品送给英国女王、前苏联领导人等。

采茶时间

清明前后开始采摘。

采摘标准

一芽一叶、一芽二叶。

工艺特点

柚子花鲜花要求当日上午采摘，应采摘朵大饱满，色泽洁白，欲放或微开的花朵。柚子花经摊凉、采瓣、剔除花蕊后，经与茶叶拌和、窨制、通花、起花、复火工序窨制而成。

形状：芽头肥壮多白毫。

色泽：颜色深绿。

茶汤：汤色绿黄明亮。

口感：滋味鲜浓醇厚。

闻香：香气醇厚。

叶底：匀齐明亮。

常见花草茶欣赏——上品饮茶，极品饮花

花草茶虽名为茶，实则没有任何茶叶成分，只是用植物的根、茎、叶、花或皮等部分加以煎煮或冲泡，产生芳香味道的草本饮料，可清饮、可调饮。

古人有“上品饮茶，极品饮花”之说，现代有“男人品茶，女人饮花”之说。花草茶从来都备受女性喜爱，因为它能带给人们美与浪漫的享受，让人尽享色香味的同时，还能养身、养颜、养神、养心。那么，我们现在就来认识一下其他花草茶。

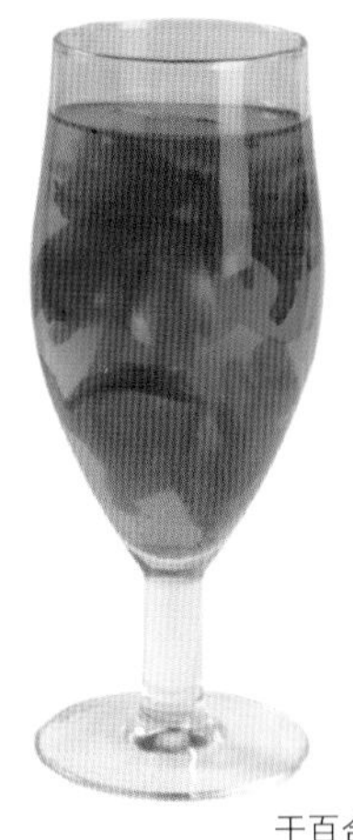

功效：有解毒、理脾健胃、利湿消积、宁心安神、促进血液循环等作用。

干百合

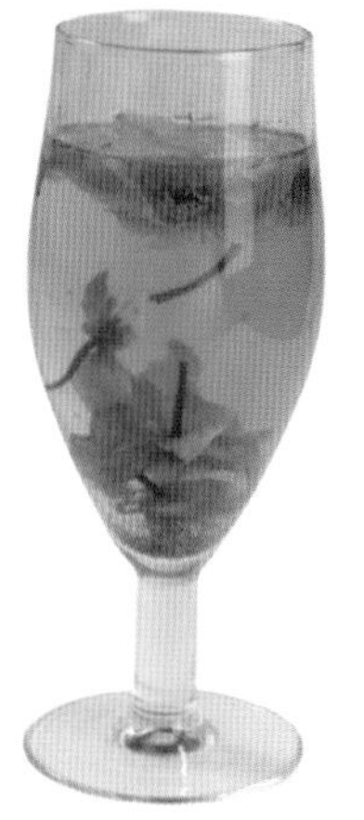

功效：有清热解毒、疏利咽喉、消暑除烦的作用。

金银花

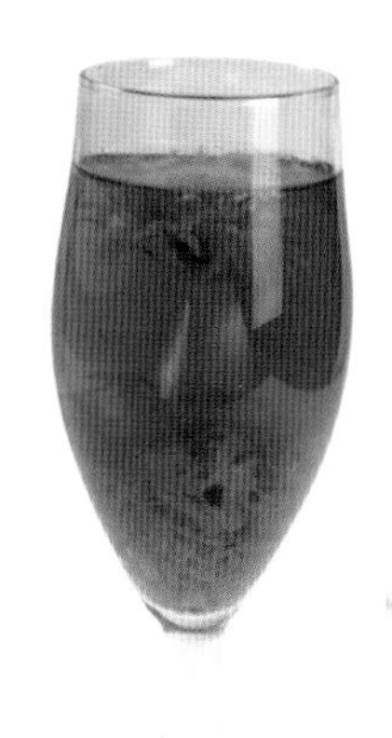

功效：有愈合伤口，杀灭细菌、滋润皮肤的作用。

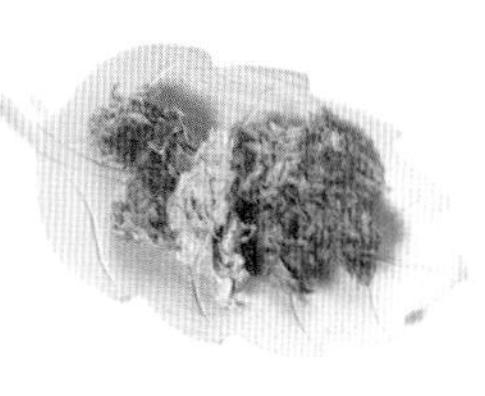

金盏菊

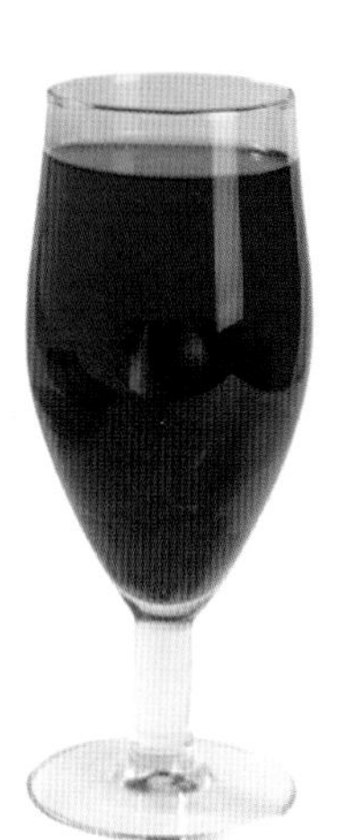

功效：有清凉降火、生津止渴的功效。

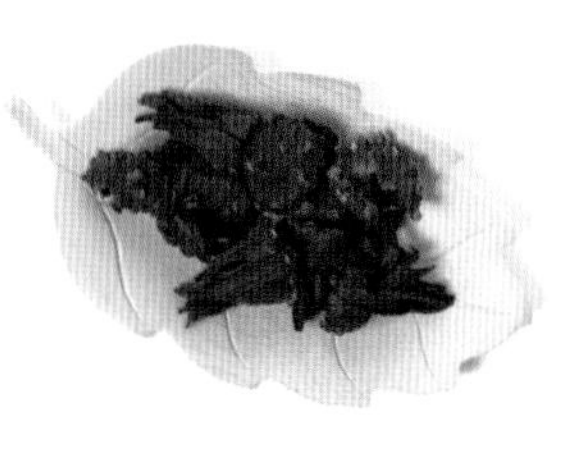

玫瑰茄

造型花茶——让鲜花在水中绽放

造型花茶与窨制花茶有很大不同，它是将花与茶有效地结合在一起的艺术，用干花和茶叶经特殊工艺制成，具有各种造型，泡开后极具美感和观赏性，并且口感香馨，对人体有一定的保健作用。

造型花茶汤色清澈淡绿，清香四溢，正如人们所形容："让鲜花在茶叶中绽放"。目前，常见的造型花茶品种有茉莉仙女、东方美人、丹桂飘香、富贵花开、仙桃献瑞、花之语、丹顶红、千日红、蝶恋花、七子献寿等。

主要原料：茉莉花、百合花、白毫银针

功效：养阴清热、滋补精血、润肤、香肌

茉莉仙女

主要原料：茉莉花、白毫银针

功效：清肝明目、止咳定喘、养颜、润肤

东方美人

原料：绿茶、茉莉花、千日红

功效：祛痰平喘，清肝明日

千日红

主要原料：茉莉花、千日红、高山银针茶

功效：清肝，散结，止咳定喘、润肤、香肌

蝶恋花

茶艺直播间

茉莉花茶盖碗冲泡法

冲泡要点	
茶　　叶：	茉莉花茶
用　　量：	2克/人
水　　温：	85℃
茶 水 比：	1 ∶ 50
适用茶具：	青花瓷茶具

1 **备具**
准备茶具和茶叶。

2 **温具**
向盖碗中注入少量热水，轻轻摇动，温烫杯壁，然后将水倒出。

3 **投茶**
将茉莉花茶拨入盖碗中。

4 润茶

分别向两个盖碗中冲水，然后轻轻晃动盖碗润茶。

5 冲水

分别向两个盖碗中冲水至七分满。

6 品饮

大约 2 分钟后，茉莉花茶泡好了，可以品饮。

造型花茶玻璃杯冲泡法

冲泡要点	
茶　　叶：	蝶恋花
用　　量：	1个
水　　温：	100℃
茶 水 比：	1 ∶ 50
适用茶具：	玻璃茶具

1 备具
准备茶具和一颗蝶恋花。

2 温杯
向玻璃杯中注入少量热水温烫玻璃杯，然后将水倒掉。

3 投茶
用茶夹夹起蝶恋花投入杯中。

4 冲泡
高水冲至七分满。

5 欣赏
看造型花茶在玻璃杯里慢慢盛开的景象，一般2 ~ 5分钟后即可完全绽放。

教您品鉴收藏

精品茶书 Tea

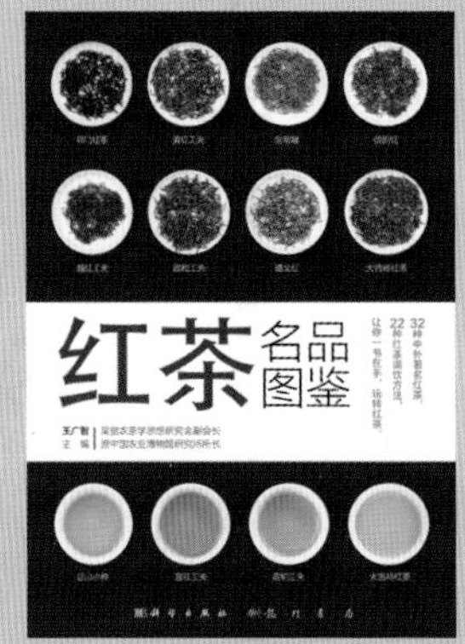